中文版 3ds Max

游戏动画案例高级教程

付思源　郭志强　汤玉剑 / 主编

中国青年出版社 CHINA YOUTH PRESS　中青雄狮

图书在版编目（CIP）数据

中文版3ds Max游戏动画案例高级教程 / 付思源，郭志强，汤玉剑主编.

— 北京：中国青年出版社，2016.8

ISBN 978-7-5153-4358-7

I.①中…　II.①付…　②郭…　③汤…　III.①三维动画软件–教材

IV. ①TP391.41

中国版本图书馆CIP数据核字（2016）第168345号

中文版3ds Max游戏动画案例高级教程

付思源　郭志强　汤玉剑　**主编**

出版发行：　中国青年出版社

地　　址：北京市东四十二条21号

邮政编码：100708

电　　话：（010）50856188 / 50856199

传　　真：（010）50856111

企　　划：北京中青雄狮数码传媒科技有限公司

策划编辑：张　鹏

责任编辑：张　军

封面制作：吴艳蜂

印　　刷：山东省高唐印刷有限责任公司

开　　本：787×1092　1/16

印　　张：11.25

版　　次：2016 年 8 月北京第 1 版

印　　次：2016 年 8 月第 1 次印刷

书　　号：ISBN 978-7-5153-4358-7

定　　价：49.90元（网盘下载内容含语音视频教学与案例素材文件及PPT课件）

本书如有印装质量等问题，请与本社联系　电话：（010）50856188 / 50856199

读者来信：reader@cypmedia.com

如有其他问题请访问我们的网站：http://www.cypmedia.com.cn

PREFACE

前 言

随着3ds Max软件的不断升级，其功能也是越来越强大，利用该软件不仅可以设计出绝大多数建筑模型，还可以制作出完美的三维动画效果。为了使读者能够在短时间内掌握三维动画的制作与渲染知识，我们组织一批富有经验的一线教师和设计人员共同编写了本书，其目的是让读者所学即所用，以达到一定的职业技能水平。

本书以最新的设计软件3ds Max 2016为写作基础，围绕动画场景模型的创建与渲染展开了介绍，以"理论+实例"的形式对三维模型的创建、材质的制作、灯光的添加、模型的渲染等知识进行了系统全面的阐述，突出知识点的实际应用性。其中，定西师范高等专科学校的付思源老师编写了本书第一章到第五章内容，约14万字；商丘职业技术学院的汤玉剑老师编写了本书第九章到第十章内容，约5万字。书中每一个模型的制作均给出了详细的操作步骤，同时还贯穿了作者在实际工作中得出的实战技巧和经验。

全书共10章，其各章的主要内容介绍如下：

章 节	内 容
Chapter 01	讲解了3ds Max 2016的新增功能、工作界面，以及创建三维动画的流程
Chapter 02	讲解了3ds Max 2016的基本操作，包括对象的选择、变换操作、复制操作、捕捉操作、隐藏操作、成组操作等
Chapter 03	讲解了标准基本体与扩展基本体的创建方法，包括长方体、圆锥体、球体、几何球体、圆柱体、圆环、茶壶、异面体、环形结、纺锤体等
Chapter 04	讲解了创建复合对象、修改器的使用、NURBS曲线及建模等知识内容
Chapter 05	讲解了材质与贴图的应用，包括材质的基础知识、材质的类型、常用贴图等
Chapter 06	讲解了灯光与摄影机的应用，包括3ds Max光源系统、VRay光源系统、3ds Max摄影机，以及VRay摄影机等知识内容
Chapter 07	讲解了环境特效的知识，包括大气效果、效果选项卡等知识内容
Chapter 08	讲解了毛发技术，包括Hair和Fur（WSM）修改器、VR毛皮对象等
Chapter 09	讲解了粒子系统与空间扭曲，包括粒子源流、喷射、雪、超级喷射，以及力、导向器等
Chapter 10	讲解了3D动画技术，包括动画控制工具、曲线编辑器、动画约束、骨骼、动画工具等

本书内容知识结构安排合理，语言组织通俗易懂，在讲解每一个知识点时，附加以实际应用案例进行说明。正文中还穿插介绍了很多细小的知识点，均以"知识链接"和"专家技巧"栏目体现。此外，附赠网盘资料中记录了相关案例的教学视频，以供读者模仿学习。本书既可作为了解3ds Max各项功能和最新特性的应用指南，又可作为提高用户设计和创新能力的指导。本书适用读者群为：

效果图制作人员与学者、三维动画初学者和爱好者、室内效果设计人员。

本书在编写和案例制作过程中力求严谨细致，但由于水平和时间有限，疏漏之处在所难免，望广大读者批评指正。

编 者

CONTENTS
目 录

基础建模技术

Chapter

04

三维模型的创建与编辑

Chapter

05

材质与贴图

灯光与摄影机

环境特效

毛发技术

粒子系统与空间扭曲

3ds Max动画技术

附 录

Chapter

01

3ds Max 2016
入门知识

3ds Max是一款非常优秀的三维设计和动画制作软件，利用它可以制作出逼真的三维场景及游戏动画。本章将首先对该三维制作软件的应用界面进行介绍，接着还会对3ds Max坐标系、创建动画的流程等内容进行介绍。

知识要点

① 3ds Max 2016概述
② 3ds Max 2016新功能
③ 3ds Max 2016工作界面
④ 3ds Max创建动画的流程

上机安排

学习内容	学习时间
● 认识3ds Max 2016工作环境	30分钟
● 工作界面的设置	15分钟
● 快捷键的调整	15分钟

1.1 3ds Max 简介

3ds Max是世界上应用最广泛的三维建模、动画、渲染软件，广泛应用于游戏开发、角色动画、电影电视视觉效果和设计行业等领域。

1.1.1 走进3ds Max的世界

3D Studio Max，简称为3ds Max或MAX，是Discreet公司开发的（后被Autodesk公司合并）基于PC系统的三维动画渲染和制作软件。其前身是基于DOS操作系统的3D Studio系列软件。在Windows NT出现以前，工业级的CG制作被SGI图形工作站所垄断。3D Studio Max + Windows NT组合的出现一下子降低了CG制作的门槛，首先开始运用在电脑游戏中的动画制作，后更进一步开始参与影视片的特效制作，例如《X战警II》、《最后的武士》等。3ds Max建模功能强大，在角色动画方面具备很强的优势，另外丰富的插件也是其一大亮点，可以说3ds Max是最容易上手的3D软件。

1990年Autodesk公司成立多媒体部，推出了第一个动画制作软件——3d Studio软件。DOS版本的3d Studio诞生在80年代末，那时只要有一台386DX以上的微机就可以圆一个电脑设计师的梦。

1996年4月，3d Studio Max 1.0诞生了，这是3d Studio系列的第一个Windows版本。Discreet 3ds Max 7为了满足业内对威力强大且使用方便的非线性动画工具的需求，集成了获奖的高级人物动作工具套件character studio，并且这个版本的3ds Max开始正式支持法线贴图技术。

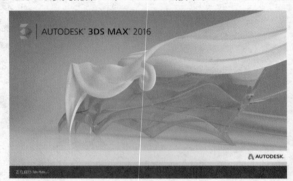

在Discreet 3ds Max 7后，正式更名为Autodesk 3ds Max，经过多次更新升级，目前最新版本为3ds Max 2016（如右图所示）。版本越高其功能就越强大，从而使3D创作者可以在更短的时间内创作出更高质量的3D作品。

1.1.2 3ds Max的应用

3ds Max软件的应用十分广泛，主要有以下几大方面，下图所示就是使用3ds Max制作的动画效果。

（1）影视制作

用计算机三维动画软件3ds Max可以制作出精美靓丽、以假乱真的影视特效，因此被广泛应用于影视作品的创作中，在许多科幻电影、电视片头、电视广告中，都可以看到用3ds Max制作的动画片段。例如《指环王》中的特效镜头，《龙与地下城》、《后天》中特技的制作，三维影片《玩具总动员》、《冰河世纪》、《哈利波特》、《变形金刚》等科幻电影特效场景的制作，都使用了3ds Max软件。

（2）动漫游戏

3ds Max在动漫游戏中可以说占有举足轻重的地位。3ds Max的使用可以使游戏更加具有真实感，更加逼真，更加富有魅力。很多动漫场景、游戏场景、动漫游戏角色的创建都是用3ds Max制作完成的。例如在《魔兽世界》、《天堂》等游戏的制作中，随着3ds Max的使用，可以更加逼真地模拟真实的现实场景，让游戏玩家有种身临其境的感觉。

（3）工业设计

3ds Max在工业产品的辅助设计中已经得到广泛应用，利用3ds Max建模可以开发、模拟和设计许多新的产品，比传统的手工绘制更加准确、形象，还更加易于修改和调整。

（4）建筑一体化及其他方面

利用3ds Max可以制作出效果非常逼真的建筑效果图和装饰装修效果图，尤其在家装行业中占有很高的地位和作用。利用3ds Max可以很好地辅助施工，避免损失浪费。除了效果图，3ds Max在建筑效果动画、军事领域模拟飞船发射轨迹、飞行训练等方面，以及在交通事故的分析处理、医疗卫生、多媒体教育和娱乐方面也得到了广泛使用。

1.1.3 3ds Max 2016新增功能

3ds Max 2016版本提供了迄今为止最强大的多样化工具集。无论行业需求如何，这套3D工具都能给美工人员带来极富灵感的设计体验。3ds Max 2016中纳入了一些全新的功能，让用户可以创建自定义工具并轻松共享其工作成果，因此更有利于跨团队协作。此外，它还可以提高新用户的工作效率，增强其自信心，可以更快速地开始项目，渲染也更顺利。下面来介绍3ds Max 2016的新增功能。

（1）3ds Max和3ds Max design合并为单一个3ds Max

简单地说就是以后只有一个版本的3ds Max，不会有design与max版本的差别，如下左图所示。

（2）交互模式首选项

选择工作模式后，即会弹出一个"交互模式"窗口，在该窗口中用户可以选择鼠标和键盘交互设置是与早期版本的3ds Max相匹配，还是与Autodesk Maya相匹配，如下右图所示。当用户使用此窗口更改交互模式时，其他窗口上的设置也会随之更改。

（3）Max Creation Graph

3ds Max 2016具有一种基于节点的工具创建环境，即Max Creation Graph，用户可以在一个类似Slate材质编辑器的可视化环境中，用创建图形的方式，编辑新的几何对象和修改器。

（4）XRef革新

跨团队的合作与跨制程现在变得更加容易，这些都要感谢新的XRef非破坏性动画工作流程。3ds Max用户现可以在外部文件参照物件到场景，设定动画或是编辑材质。

（5）新的设计工作区

3ds Max 2016推出了新的设计工作区，为3ds Max用户带来了更高效的工作流。设计工作区采用基于任务的逻辑系统，可以很方便地访问3ds Max中的对象放置、照明、渲染、建模和纹理工具。

（6）新的模板系统

新的按需模板为用户提供了标准化的启动配置，这有助于加速场景创建流程。用户还能够创建新模板或修改现有模板，针对各个工作流自定义模板。

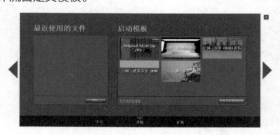

（7）摄影机序列器

有了新的摄影机序列器，通过高品质的动画可视化效果、动画和影片描绘精彩故事情节变得更加容易，赋予3ds Max用户更大的控制权。

（8）物理摄影机

新开发的物理摄影机，为美工人员提供了一些新的选项，可模拟用户可能熟悉的真实摄影机设置，例如快门速度、光圈、景深和曝光。借助增强的控件和额外的视口内反馈，新的物理摄影机让创建逼真的图像和动画变得更加容易。

1.2 3ds Max 2016操作界面

在学习3ds Max 2016之前，首先要认识它的操作界面，并熟悉各控制区的用途和使用方法，这样才能在建模操作中得心应手地使用各种工具和命令，并节省大量的工作时间。完成3ds Max 2016的安装后，我们即可双击其桌面快捷方式进行启动，其操作界面如下图所示。（为了方便显示，这里我们将工作界面设置成灰色显示，具体的设置方法下文有介绍。）3ds Max 2016的操作界面分为标题栏、快速访问工具栏、菜单栏、主工具栏、功能区、场景资源管理器、动画控制栏、视口、命令面板几个部分，下面将对主要部分进行介绍。

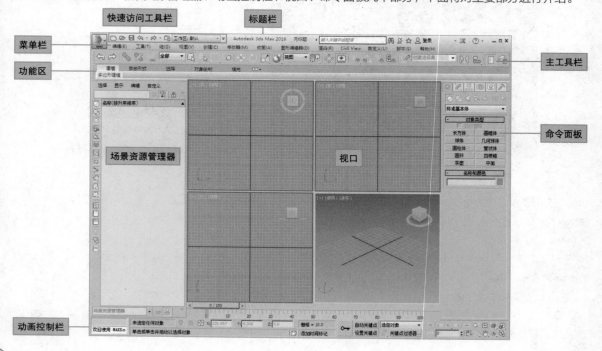

1.2.1 菜单栏

菜单栏位于标题栏的下方，为用户提供了一个用于文件管理、编辑修改、渲染和寻求帮助的，包括编辑、工具、组、视图、创建、修改器、动画、图形编辑器、渲染、Civil View、自定义、脚本、帮助13个菜单项，如下图所示。

- 3ds Max应用程序：用于对文件的打开、存储、打印、输入和输出不同格式的其他三维存档格式，以及动画的摘要信息、参数变量等命令的应用。
- 编辑：用于实现对对象的拷贝、删除、选定、临时保存等功能。
- 工具：包括常用的各种制作工具。
- 组：用于将多个物体组为一个组，或分解一个组为多个物体。
- 视图：用于对视图进行操作，但对对象不起作用。
- 创建：创建物体、灯光、相机等。
- 修改器：编辑修改物体或动画的命令。
- 动画：用来控制动画。
- 图形编辑器：用于创建和编辑视图。
- 渲染：通过某种算法，体现场景的灯光、材质和贴图等效果。
- Civil View：访问方便有效，有利于提高工作效率的视口。比如，你要制作一个人体动画，就可以在这个视口中很好地组织身体的各个部分，轻松选择其中一部分进行修改。如果读者选择专门介绍3ds Max动画制作的书籍学习，就可以详细地学习到它。
- 自定义：方便用户按照自己的爱好设置工作界面。3ds Max 2016的工具栏和菜单栏、命令面板可以被放置在任意的位置。如果用户厌烦了以前的工作界面，可以自己定制一个工作界面保存起来，软件下次启动时就会自动加载。
- 脚本：有关编程的命令。将编好的程序放入3ds Max中来运行。
- 帮助：关于软件的帮助文件，包括在线帮助、插件信息等。

关于上述菜单的具体使用方法，我们将在后续章节中逐一进行详细的介绍。

知识链接 **关于菜单中命令的说明**

当打开某一个菜单后，若菜单中有些命令名称旁边有"..."号，即表示单击该命令将弹出一个对话框。

若菜单上的命令名称右侧有一个小三角形，即表示该命令下还有子命令，单击它可以弹出一个新的级联菜单。

若菜单上命令的一侧显示为字母，即表示其为该菜单命令的快捷键。

1.2.2 主工具栏

主工具栏位于菜单栏的下方，它集合了3ds Max中比较常见的工具，如下图所示。下面将对该工具栏中各工具的含义进行介绍，如下表所示。

主工具栏常见工具介绍

序号	图标	名称	含义
01		选择与链接	用于将不同的物体进行链接
02		断开当前选择并链接	用于将链接的物体断开
03		绑定到空间扭曲	用于粒子系统上的，把场用空间绑定到粒子上，这样才能产生作用

(续表)

04		选择工具	只能对场景中的物体进行选择使用，而无法对物体进行操作
05		按名称选择	单击后弹出操作窗口，在其中输入名称可以快捷地找到相应的物体，方便操作
06		选择区域	矩形选择是一种选择类型，按住鼠标左键拖动来进行选择
07		窗口/交叉	设置选择物体时的选择类型方式
08		选择并移动	用户可以对选择的物体进行移动操作
09		选择并旋转	单击该工具后，用户可以对选择的物体进行旋转操作
10		选择并均匀缩放	用户可以对选择的物体进行等比例的缩放操作
11		选择并放置	将对象准确地定位到另一个对象的曲面上，随时可以使用，不仅限于在创建对象时
12		使用轴心对称	选择了多个物体时可以通过此命令来设定轴中心点坐标的类型
13		选择并操纵	针对用户设置的特殊参数（如滑竿等参数）进行操纵使用
14		捕捉开关	可以使用户在操作时进行捕捉创建或修改
15		角度捕捉切换	确定多数功能的增量旋转，设置的增量围绕指定轴旋转
16		百分比捕捉切换	通过指定百分比增加对象的缩放
17		微调捕捉切换	设置3ds Max 2016中所有微调器的单个单击所增加或减少的值
18		编辑命名选择集	无模式对话框。通过该对话框可以直接从视口创建命名选择集或选择要添加到选择集的对象
19		镜像	可以对选择的物体进行镜像操作，如复制、关联复制等
20		对齐	方便用户对物体进行对齐操作
21		层管理器	对场景中的物体可以使用此工具分类，即将物体放在不同的层中进行操作，以便用户管理
22		切换功能区	Graphite建模工具
23		曲线编辑器	用户对动画信息最直接的操作编辑窗口，在其中可以调节动画的运动方式，编辑动画的起始时间等
24		图解视图	设置场景中元素的显示方式等
25		材质编辑器	可以对物体进行材质的赋予和编辑
26		渲染设置	调节渲染参数
27		渲染帧窗口	单击后可以对渲染进行设置
28		渲染产品	制作完毕后可以使用该命令渲染输出，查看效果

1.2.3 命令面板

命令面板位于工作视窗的右侧，其中包括创建命令面板、修改命令面板、层次命令面板、运动命令面板、显示命令面板和实用程序命令面板（如下表所示），从中可以访问绝大部分建模和动画命令。

（1）创建命令面板

创建命令面板用于创建对象，这是在3ds Max中构建新场景的第一步。创建命令面板将所创建的对象分为7个类别，分别是几何体、图形、灯光、摄像机、辅助对象、空间扭曲、系统。

（2）修改命令面板

通过创建命令面板，可以在场景中放置一些基本对象，包括3D几何体、2D形态、灯光、摄像机、空间扭曲及辅助对象。创建对象的同时，系统会为每一个对象指定一组创建参数，该参数根据对象类型定义其几何和其他特性。可以根据需要在"修改"命令面板中更改这些参数。还可以在"修改"命令面板中为对象应用各种修改器。

（3）层次命令面板

通过层次命令面板可以访问用来调整对象间链接的工具。通过将一个对象与另一个对象相链接，可以创建父子关系，这样应用到父对象的变换将同时传达给子对象。通过将多个对象同时链接到父对象和子对象，可以创建复杂的层次。

（4）运动命令面板

运动命令面板用于设置各个对象的运动方式和轨迹，以及进行高级动画设置。

（5）显示命令面板

通过显示命令面板可以访问场景中控制对象显示方式的工具。可以隐藏和取消隐藏、冻结和解冻对象改变其显示特性、加速视口显示及简化建模步骤。

（6）实用程序命令面板

通过实用程序命令面板可以访问和设定各种3ds Max小型程序，并可以编辑各个插件，它是3ds Max系统与用户之间对话的桥梁。

3ds Max中的命令面板

创建命令面板 	修改命令面板 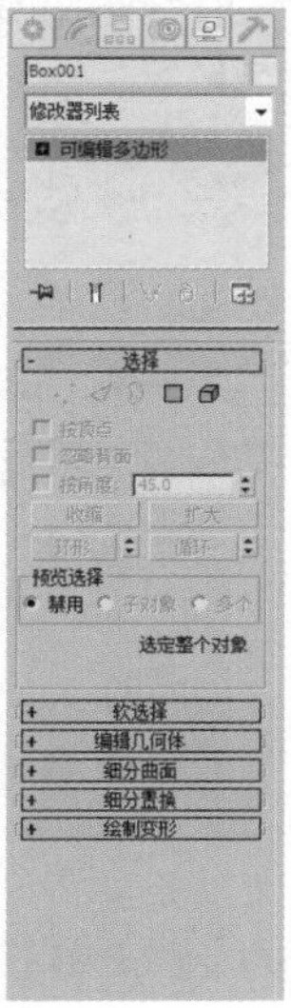	层次命令面板 	运动命令面板 	显示命令面板 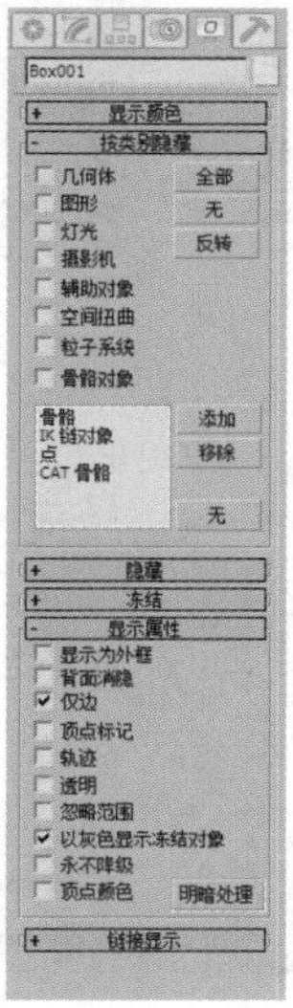	实用程序命令面板 

1.2.4 视图区

3ds Max用户界面的最大区域被分割成四个相等的矩形区域，称之为视口（Viewports）或者视图（Views）。

（1）视口的组成

视口是主要工作区域，每个视口的左上角都有一个标签，启动3ds Max后默认的四个视口的标签是Top（顶视口）、Front（前视口）、Left（左视口）和Perspective（透视视口）。

每个视口都包含垂直和水平线，这些线组成了3ds Max的主栅格。主栅格包含黑色垂直线和黑色水平线，这两条线在三维空间的中心相交，交点的坐标是X=0、Y=0和Z=0。其余栅格都显示为灰色。

顶视口、前视口和左视口显示的场景没有透视效果，这就意味着在这些视口中同一方向的栅格线总是平行的，如下图所示。透视视口类似于人的眼睛和摄影机观察时看到的效果，视口中的栅格线是可以相交的。

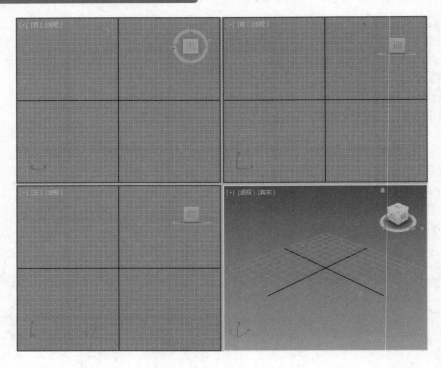

（2）视口的改变

默认情况下为4个视口。当我们按改变视口的快捷键时，就会切换到对应的视图，下面我们来玩一下改变视口的游戏。首先我们将单击激活一个视口，然后按下B键，这时当前视口切换成了底视图，就可以观察物体的底面。单击选中一个视口，然后按以下快捷键：

T=顶视图（Top）　　　　　B=底视图（Botton）
L=左视图（Left）　　　　　R=右视图（Right）
U=用户视图（User）　　　　F=前视图（Front）
K=后视图（Back）　　　　　C=摄影机视图（Camera）
Shift+$=灯光视图　　　　　W=满屏视图

或者在每个视图左上角的视图名称上右击，此时会弹出一个快捷菜单，从中也可以切换当前视图。记住快捷键是提高效率的很好手段！

专家技巧▶ 恢复到默认界面

如果界面被用户调整得面目全非，此时不要紧，只需选择菜单栏上的"自定义>加载自定义用户界面方案"命令，在弹出的对话框里选择DefaultUI.ui文件并打开即可还原为3ds Max的默认界面。

1.2.5 动画控制栏

3ds Max 2016的动画控制栏如下图所示。其中，左上方标有"0/100"字样的长方形滑块为时间滑块，用鼠标拖动它可以显示某一帧的视图，配合使用时间滑块和中部的正方形按钮（设置关键点）及其周围的功能按钮，可以制作最简单的动画。

各功能按钮的含义介绍如下表所示。

功能按钮	含义	功能按钮	含义
	转至开头		转至结尾
	上一帧		关键点模式切换
	播放动画		时间配置
	下一帧		

小知识：

目前，动画制作者可以对动画部分进行重定时，以加快或降低其播放速度。但是不能对该部分中存在的关键帧进行重定时，并且在生成的高质量曲线中部创建其他关键帧。

1.2.6 视图导航栏

视图导航栏是对场景进行控制操作的集合，也就是用来调整查看视图的位置和状态，对应不同的视图，视图导航栏中的命令按钮也有所不同，如下图所示。

顶、底、左、右、前、后视图 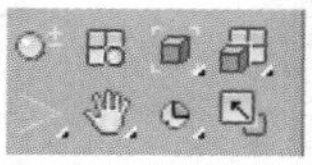　　　透视视图　　　摄影机视图

各命令按钮的作用如下表所示。

命令按钮	含义	命令按钮	含义
	缩放		最大化视图切换
	缩放所有视图		视野
	最大化显示		推拉摄影机
	所有视图最大化		透视
	缩放区域		侧滚摄影机
	平移视图		环游摄影机
	弧形旋转		

进阶案例 **轻松调整用户界面**

3ds Max 2016默认界面的颜色是黑色，但是大多数用户习惯用浅色的界面，下面将介绍界面颜色的设置操作，具体步骤如下。

01 启动3ds Max 2016应用程序，执行"自定义>自定义用户界面"命令，如下图所示。

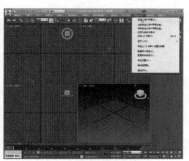

02 弹出"自定义用户界面"对话框，如下图所示。

03 切换到"颜色"选项卡，在"视口"元素列表中
选择"视口背景"选项，再设置右侧的主题类型为
"亮"，如下图所示。

04 单击下方的"立即应用颜色"按钮，可以看到工
作界面发生了变化，如下图所示。

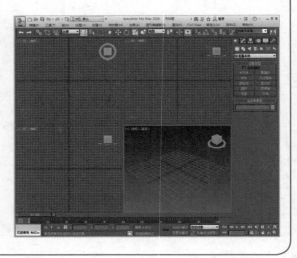

知识链接 **"自定义用户界面"对话框"颜色"选项卡中部分选项的介绍**

元素：显示下拉列表，通过该列表可以从各种高级分组中选择角色、几何体、Gizmo、视口以及其他。

UI 元素列表：显示活动类别中可用元素的列表。

颜色：显示选定类别和元素的颜色。单击颜色色块可以打开"颜色选择器"对话框，在其中可以更改颜色。选择新的颜色后，
单击"立即应用颜色"按钮以在界面中进行更改。

重置：将突出显示的元素颜色重置为打开对话框时的活动值。

强度：设置栅格线显示的灰度值。0 为黑色，255 为白色。

反转：反转栅格线显示的灰度值。深灰色会变成浅灰色，反之亦然。此控件仅当从"栅格"元素中选择"由强度设置"选项时
才可用。

方案：可以选择是将主 UI 颜色设置为默认 Windows 颜色还是自定义主 UI 颜色。如果"使用标准 Windows颜色"处于活动状
态，则"UI 外观"列表中的所有元素都将被禁用，并且不能自定义 UI 的颜色。

UI 外观列表：显示用户界面中可以更改的所有元素。

　　按照上述介绍的操作方法，用户还可以将背景、窗口文本、冻结等颜色进行调整，这里将不再赘述，大
家可以自行体验。如果用户想将整个工作界面的颜色统一改变，可以按照以下步骤操作。

步骤01 开启"自定义用户界面"对话框后，切换到
"颜色"选项卡，单击下方的"加载"按钮，如右图
所示。

步骤02 打开"加载颜色文件"对话框,找到3ds Max 2016安装路径下的UI文件夹,从中选择ame-light.clrx文件,单击"打开"按钮,如下图所示。

步骤03 返回到工作界面即可发现,整个工作界面的颜色都发生了变化,如下图所示。

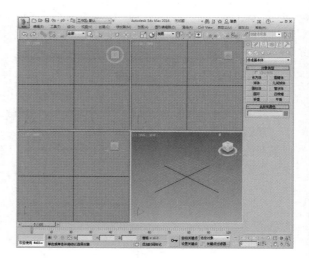

1.3 3ds Max坐标系

3ds Max 2016提供了多种坐标系统,这些坐标系统可以直接在主工具栏中进行选择,如右图所示。下面对各坐标系统进行介绍。

- 视图:视图坐标系统是3ds Max默认的坐标系统,也是使用最普遍的坐标系统。它是屏幕坐标系统与世界坐标系统的结合。视图坐标系统在正视图中使用屏幕坐标系统,在透视视图和用户视图中使用世界坐标系统。
- 屏幕:屏幕坐标系统在所有视图中都使用同样的坐标轴向,即X轴为水平方向,Y轴为垂直方向,Z轴为景深方向。这是用户习惯的坐标方向。该坐标系统把计算机屏幕作为X、Y轴向,向屏幕内部延伸为Z轴向。
- 世界:在3ds Max操作界面中,从前方看,X轴为水平方向,Y轴为垂直方向,Z轴为景深方向。这个坐标轴向在任意视图中都固定不变,选择该坐标系统后,可以使任何视图中都有相同的坐标轴显示。
- 父对象:使用父对象坐标系统,可以使子对象与父对象之间保持依附关系,使子对象以父对象的轴向为基础发生改变。
- 局部:使用选定对象的坐标系,对象的局部坐标由其轴点支撑。使用"层次"命令面板上的选项,可以以相对于对象的方式调整局部坐标系的位置和方向。
- 万向:万向坐标系统为每个对象使用单独的坐标系。
- 栅格:栅格坐标系统以栅格为对象的自身坐标轴为坐标系统,栅格对象主要用于辅助对象。
- 拾取:拾取坐标系统拾取屏幕中的任意一个对象,并将被拾取对象的自身坐标系统作为拾取对象的坐标系统。

1.4 3ds Max创建动画的流程

要想做一套优质的三维动画效果,需要结合多种不同的软件,也必须有清晰的制作步骤。一般情况下,利用3ds Max制作动画的基本流程通常分为以下5步。

第一步：创建模型。创建模型简称为建模，就是使用软件提供的各种按钮和建模方法，进行模型的精确制作，形成三维动画中的最终形象。

第二步：添加材质。模型创建完毕后，要想使模型的效果更加逼真，还需要为模型添加材质，用于模拟现实世界中的材料。根据概念设计及客户的综合意见，对3D模型进行色彩、纹理、质感等的设定工作，这是动画制作流程中必不可少的重要环节。

第三步：创建灯光。为了达到真实世界中的效果，在设计三维动画的过程中，我们还需要为动画场景添加灯光，以模拟真实世界的光照效果。

第四步：设置动画。3ds Max制作动画的原理与电影类似，也是将每个动画分为许多帧，只需设置好关键事件点处动画场景的动态（即设置关键帧），系统就会自动计算出中间各帧的状态。

第五步：渲染输出。设置完动画后，对其进行渲染输出，即可得到动画视频文件。渲染输出实际就是对场景着色，并将场景中的模型、材质、灯光、大气、渲染等特效进行处理，得到一段动画或一些图片序列，并保存起来的过程。

课后练习

一、选择题

1. 3ds Max中文件保存命令可以保存的文件类型是（　　）。

A. MAX　　　　　B. DXF　　　　　　C. DWG　　　　　　D. 3DS

2. 3ds Max默认的界面设置文件是（　　）。

A. Default.ui　　B. DefaultUI.ui　　C. 1.ui　　　　　　D. 以上选项都不正确

3. 3ds Max大部分命令都集中在（　　）中。

A. 标题栏　　　　B. 主菜单栏　　　　C. 主工具栏　　　　D. 视图

4. 在3ds Max中，可以随时切换各个模块的区域的是（　　）。

A. 视图　　　　　B. 工具栏　　　　C. 命令面板　　　　D. 标题栏

二、填空题

1. 3ds Max的三大要素是_____、_____、_____。

2. 3ds Max的工作界面主要由标题栏、_____、命令面板、视图区、_____、状态信息栏、动画控制区和视图控制区等组成。

3. 在3ds Max中，不管使用何种规格输出，该宽度和高度的尺寸单位为_____。

4. 变换线框使用不同的颜色代表不同的坐标轴：红色代表_____轴、绿色代表_____轴、蓝色代表_____轴。

5. 3ds Max中提供了三种复制方式，分别是_____、_____、_____。

三、操作题

根据本章所讲知识，将视口边框调整为蓝色，将视口活动边框调整为红色，如下图所示。

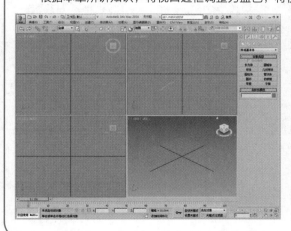 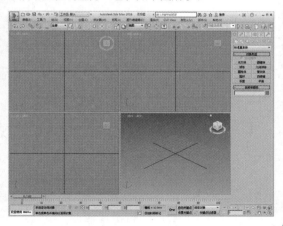

Chapter

02

3ds Max 2016
基础操作

在学习了 3ds Max 2016 的入门知识后，接下来将介绍其常见的基本操作，包括移动、复制、捕捉、镜像、隐藏等。通过对这些知识的学习，可以帮助用户快速掌握 3ds Max 2016 软件，以为后期的三维建模奠定良好的基础。

知识要点

① 3ds Max 2016软件的自定义设置
② 变换、复制操作
③ 捕捉、镜像操作
④ 隐藏、冻结、成组操作
⑤ 归档操作
⑥ 单位设置和快捷键设置

上机安排

学习内容	学习时间
● 选择对象	30分钟
● 3D基本操作	30分钟
● 归档场景	15分钟
● 自定义绘图环境	25分钟

2.1 对象的选择方式

对象的选择是3ds Max的基本操作。无论对场景中的任何对象做何种的操作和编辑，首先要做的就是选择对象。

2.1.1 区域选择

3ds Max提供了多种区域选择方式，使操作更为灵活、简便。矩形区域选择方式是系统默认的选择方式，其他区域选择方式作为隐藏选择存在。

矩形选择区域▨：将拖曳出矩形区域作为选择框。

圆形选择区域▨：将拖出圆形区域作为选择框。

围栏选择区域▨：将创建出任意不规则区域作为选择框。

套索选择区域▨：将拖曳出任意不规则区域作为选择框。

绘制选择区域▨：可通过拖动鼠标光标来选择多个对象或子对象。

几种选择方式的效果如下图所示。

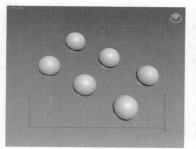
矩形选择区域

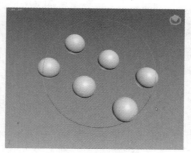
圆形选择区域

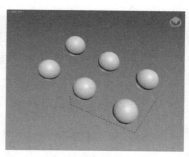
围栏选择区域

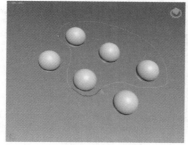
套索选择区域

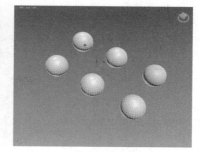
绘制选择区域

以上几种区域选择方式都可以与窗口/交叉配合使用。窗口/交叉的两种方式为交叉选择方式和窗口选择方式。

交叉选择方式▫：选择框之内以及与选择框接触的对象都将被选择。

窗口选择方式▫：只有完全在选择框内的对象才会被选择。

2.1.2 名称选择

在复杂建模时，场景中通常会有很多的对象，用鼠标进行选择很容易造成误选。3ds Max提供了一个可以通过名称选择对象的功能。该功能不仅可以通过对象的名称选择，还能通过颜色或者材质选择具有该属性的所有对象。其操作步骤介绍如下。

步骤01 单击工具栏中的"按名称选择"按钮，弹出"从场景选择"对话框，如右图所示。

步骤02 如果要选择多个对象，可以在选择列表中的对象名称上拖动选择或者按住Ctrl键单击加选，再单击"确定"按钮；如果要选择单个对象，可直接双击列表中的对象名称，该对象即会被选择。

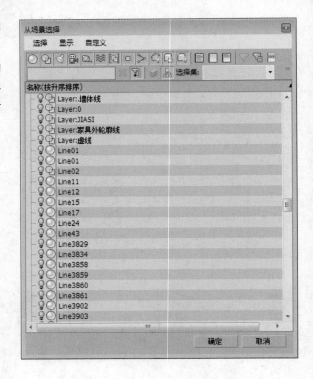

2.1.3 编辑菜单选择

使用菜单栏中的编辑命令也能选择对象，在菜单栏中单击"编辑"菜单按钮，即可使用菜单中的选择方式，如下左图所示，也可以在选择方式的二级菜单中根据名称、层、颜色进行选择，如下右图所示，该操作会打开"从场景选择"对话框。

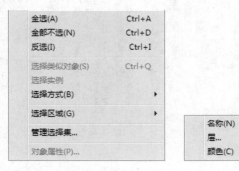

- 全选：选择场景中的所有对象，快捷键为Ctrl+A。
- 全部不选：取消场景中所有对象的选择，快捷键为Ctrl+D。
- 反选：表示反向选择，但已经被选择的对象会取消选择，而没有处于选择状态的所有对象都会被选择，快捷键为Ctrl+I。

2.1.4 选择过滤器

"选择过滤器"工具用于设置场景中能够选择的对象类型，这样可以避免在复杂场景中选错对象。在"选择过滤器"工具的下拉列表中包括几何体、图形、灯光、摄影机、辅助对象、扭曲等对象类型，如下图所示。

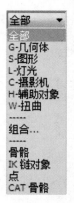

- 全部：表示可以选择场景中的任何对象。
- G-几何体：表示只能选择场景中的几何形体（标准几何体、扩展几何体）。
- S-图形：表示只能选择场景中的二维图形。
- L-灯光：表示只能选择场景中的灯光。
- C-摄影机：表示只能选择场景中的摄影机。
- H-辅助对象：表示只能选择场景中的辅助对象。
- W-扭曲：表示只能选择场景中的空间扭曲对象。
- 组合：可以将两个或多个类别组合为一个过滤器类别。
- 骨骼：表示只能选择场景中的骨骼。
- IK链对象：表示只能选择场景中的IK链接对象。
- 点：表示只能选择场景中的点。

2.2 基本操作

本节将主要介绍3ds Max 2016的基本操作，首先会介绍文件的打开、重置、保存等基本操作，然后介绍如何进行变换、复制、捕捉、对齐、镜像、隐藏、冻结、成组等操作。通过这一小节的讲解用户将更加熟悉了解3ds Max 2016。

2.2.1 变换操作

移动、旋转和缩放操作统称为变换操作，是使用最为频繁的操作。3ds Max 2016版本中又增加了选择并放置工具，若需要更改对象的位置、方向或比例，可以单击主工具栏上4个变换按钮之一，或从快捷菜单中选择变换。使用鼠标、状态栏的坐标显示字段、输入对话框或上述任意组合，可以将变换应用到选定对象。

1. 选择并移动

要移动单个对象，选择后使按钮处于活动状态时，单击对象进行选择，当轴线变为黄色时，按照轴的方向拖动鼠标以移动该对象。

2. 选择并旋转

要旋转单个对象，选择后使按钮处于活动状态时，单击对象进行选择，并拖动鼠标以旋转该对象。

3. 选择并缩放

主工具栏上的选择并缩放弹出按钮提供了对用于更改对象大小的3种工具的访问。

使用选择并缩放弹出按钮上的选择并均匀缩放按钮，可以沿所有3个轴以相同量缩放对象，同时保持对象的原始比例。

使用选择并缩放弹出按钮上的选择并非均匀缩放按钮，可以根据活动轴约束以非均匀方式缩放对象。

使用选择并缩放弹出按钮上的选择并挤压工具，可以根据活动轴约束来缩放对象。挤压对象势必牵涉到在一个轴上按比例缩小，同时在另两个轴上均匀地按比例增大。

4. 选择并放置

选择并放置弹出按钮提供了移动对象和旋转对象的两种工具，即选择并放置以及选择并旋转。

要放置单个对象，无须先将其选中。当工具处于活动状态时，单击对象进行选择并拖动鼠标即可移动该对象。随着鼠标拖动对象，方向将基于基本曲面的法线和"对象上方向轴"的设置进行更改。启用选择并旋转工具后，拖动对象会使其围绕通过"对象上方向轴"设置指定的局部轴进行旋转。右击该工具按钮，即可打开"放置设置"对话框。

在3ds Max 2016中，选择及预览模型时系统默认会高亮显示轮廓，这在较为复杂的模型中比较方便选择，但是高亮的轮廓会影响对模型边线的编辑，这时可以取消该设置。下面介绍操作步骤。

步骤01 启动3ds Max 2016应用程序，随意绘制一个长方体，可以看到长方体的轮廓以高亮显示，如下图所示。

步骤02 执行"自定义 > 首选项"菜单命令，如下图所示。

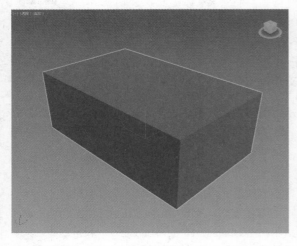

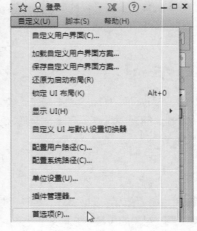

步骤03 打开"首选项设置"对话框，切换到"视口"选项卡，取消勾选"选择/预览亮显"复选框，如下图所示。

步骤04 设置完成后，关闭"首选项设置"对话框，返回到视口，可以看到长方体轮廓的高亮显示不见了，如下图所示。

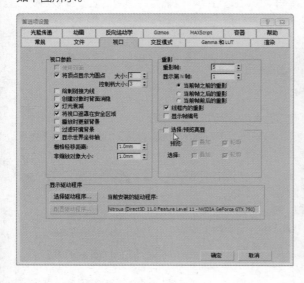

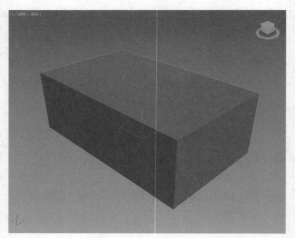

2.2.2 复制操作

3ds Max提供了多种复制方式，可以快速创建一个或多个选定对象的多个版本，本节将介绍多种复制操作的方法。

1. 变换复制

在场景中选择需要复制的对象，按住Shift键的同时使用变换操作工具"移动"、"旋转"、"缩放"、"放置"选择对象，开启如下左图所示的对话框。使用这种方法能够设定复制的方法和复制对象的个数。

2. 克隆复制

在场景中选择需要复制的对象，执行"编辑 > 克隆"命令直接进行克隆复制，开启如下右图所示的对话框。使用这种方法一次只能克隆一个选择对象。

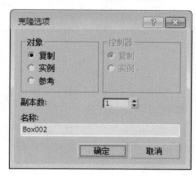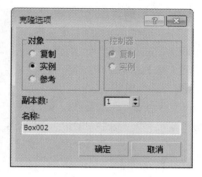

3. 阵列复制

单击菜单栏中的"工具"菜单，在其下拉菜单中选择 "阵列"命令，随后将弹出"阵列"对话框，如下图所示，使用该对话框可以基于当前选择对象进行阵列复制。"阵列"对话框中各选项的含义介绍如下。

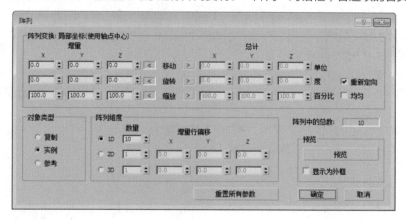

（1）"阵列变换"选项组

"增量"选项用于指定使用哪种变换组合来创建阵列，还可以为每个变换指定沿3个轴方向的范围。在每个对象之间，可以按"增量"指定变换范围；对于所有对象，可以按"总计"指定变换范围。在任何一种情况下，都测量对象轴点之间的距离。使用当前变换设置可以生成阵列，因此该组标题会随变换设置的更改而改变。

单击"移动"、"旋转"或"缩放"左侧或右侧的箭头按钮，将指示是否要设置"增量"或"总计"阵列参数。

- 移动：指定沿X、Y和Z轴方向每个阵列对象之间的距离（以单位计）。
- 旋转：指定阵列中每个对象围绕3个轴中的任一轴旋转的度数（以度计）。
- 缩放：指定阵列中每个对象沿3个轴中的任一轴缩放的百分比（以百分比计）。
- 单位：指定沿3个轴中每个轴的方向，所得阵列中两个外部对象轴点之间的总距离。例如，如果要为6个对象编排阵列，并将"移动X"总计设置为100，则这6个对象将按以下方式排列在一行中：行中两个外部对象轴点之间的距离为100个单位。
- 度：指定沿3个轴中的每个轴应用于对象的旋转的总度数。例如，可以使用此方法创建旋转总度数为360度的阵列。
- 百分比：指定对象沿3个轴中的每个轴缩放的总计。
- 重新定向：将生成的对象围绕世界坐标旋转的同时，使其围绕局部轴旋转。当清除此选项时，对象会保持其原始方向。
- 均匀：禁用Y和Z微调器，并将X值应用于所有轴，从而形成均匀缩放。

（2）"对象类型"选项组
- 复制：将选定对象的副本排列到指定位置。
- 实例：将选定对象的实例排列到指定位置。
- 参考：将选定对象的参考排列到指定位置。

（3）"阵列维度"选项组
用于添加到阵列变换维数。附加维数只是定位用的。未使用旋转和缩放。
- 1D：根据"阵列变换"组中的设置，创建一维阵列。
- 数量：指定在阵列的该维中对象的总数。对于1D阵列，此值即为阵列中的对象总数。
- 2D：创建二维阵列。
- 数量：指定在阵列的该维中对象的总数。
- 增量行偏移：指定沿阵列二维的每个轴方向的增量偏移距离。
- 3D：创建三维阵列。
- 数量：指定在阵列的该维中对象的总数。
- 增量行偏移：指定沿阵列三维的每个轴方向的增量偏移距离。

（4）阵列中的总数：显示将创建阵列操作的实体总数，包含当前选定对象。如果排列了选择集，则对象的总数是此值乘以选择集的对象数的结果。

（5）"预览"选项组
- 预览：切换当前阵列设置的视口预览，更改设置将立即更新视口。如果加速拥有大量复杂对象阵列的反馈速度，则启用"显示为外框"。
- 显示为外框：将阵列预览对象显示为边界框而不是几何体。

（6）重置所有参数：将所有参数重置为其默认设置。

2.2.3 捕捉操作

捕捉操作能够捕捉处于活动状态位置的3D空间的控制范围，而且有很多捕捉类型可用，可以用于激活不同的捕捉类型。与捕捉操作相关的工具按钮包括捕捉开关、角度捕捉、百分比捕捉、微调器捕捉切换，现分别介绍如下。

（1）捕捉开关
这3个按钮代表了3种捕捉模式，提供捕捉处于活动状态位置的3D空间的控制范围。捕捉对话框中有很多捕捉类型可用，可以用于激活不同的捕捉类型。

（2）角度捕捉
用于切换确定多数功能的增量旋转，包括标准旋转变换。随着旋转对象或对象组，对象以设置的增量围绕指定轴旋转。

（3）百分比捕捉
用于切换通过指定的百分比增加对象的缩放。

（4）微调器捕捉切换
用于设置3ds Max 2016中所有微调器的单个单击所增加或减少的值。

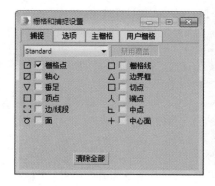

当按下捕捉按钮后，可以捕捉栅格点、切点、中点、轴心、中心面和其他选项。

当使用鼠标右键单击主工具栏的空区域，在弹出的快捷菜单中选择"捕捉"命令可以开启"栅格和捕捉设置"对话框，如右图所示。可以使用"捕捉"选项卡上的这些复选框启用捕捉设置的任何组合。

2.2.4 镜像操作

在视口中选择任一对象，在主工具栏上单击"镜像"按钮将打开"镜像"对话框。在开启的对话框中设置镜像参数，单击"确定"按钮即可完成镜像操作。开启的"镜像"对话框如右图所示。

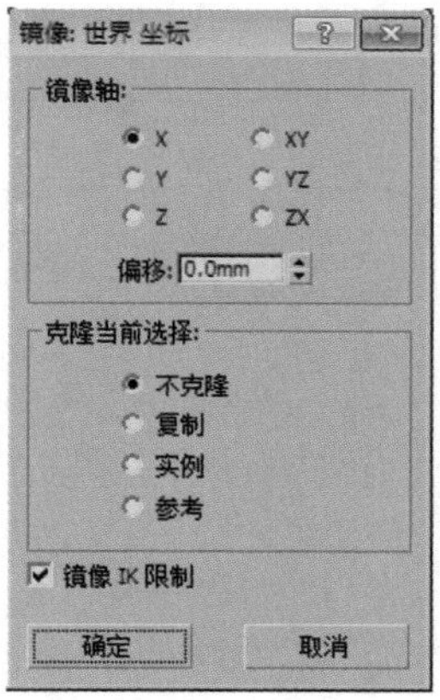

- "镜像轴"选项组：镜像轴选项有X、Y、Z、XY、YZ和ZX。选择其一可指定镜像的方向。这些选项等同于"轴约束"工具栏上的选项按钮。
- 偏移：指定镜像对象轴点距原始对象轴点之间的距离。
- "克隆当前选择"选项组：确定由"镜像"功能创建的副本的类型。默认设置为"不克隆"。
- 不克隆：在不制作副本的情况下，镜像选定对象。
- 复制：将选定对象的副本镜像到指定位置。
- 实例：将选定对象的实例镜像到指定位置。
- 参考：将选定对象的参考镜像到指定位置。
- 镜像IK限制：当围绕一个轴镜像几何体时，会导致镜像IK约束（与几何体一起镜像）。如果不希望IK约束受"镜像"命令的影响，可禁用此选项。

2.2.5 隐藏操作

在建模过程中为了便于操作，常常将部分物体暂时隐藏，以提高界面的操作速度，在需要的时候可以再将其显示。

在视口中选择需要隐藏的对象并单击鼠标右键，在弹出的快捷菜单中选择"隐藏选定对象"或"隐藏未选定对象"命令，如右图所示，将实现隐藏操作。当不需要隐藏对象时，同样在视口中单击鼠标右键，在弹出的快捷菜单中选择"全部取消隐藏"或"按名称取消隐藏"命令，场景的对象将不再被隐藏。

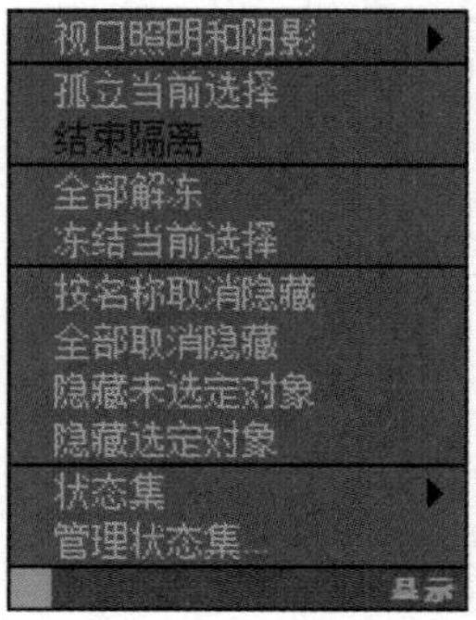

2.2.6 冻结操作

在建模过程中为了便于操作，避免场景中对象的误操作，常常将部分物体暂时冻结，在需要的时候再将其解冻。

在视口中选择需要冻结的对象并单击鼠标右键，在弹出的快捷菜单中选择"冻结当前选择"命令，将实现冻结操作。当不需要冻结对象时，同样在视口中单击鼠标右键，在弹出的快捷菜单中选择"全部解冻"命令，场景的对象将不再被冻结。

2.2.7 成组操作

"组"命令是将多个对象编辑为一个组的命令，选择要编辑成组的对象后单击"组"命令会弹出下拉菜单，如右图所示，其中包含用于将场景中的对象成组和解组的命令。

执行"组>组"命令，可将对象或组的选择集组成为一个组。

执行"组>解组"命令，可将当前组分离为其组件对象或组。

执行"组>打开"命令，可暂时对组进行解组，并访问组内的对象。

执行"组>关闭"命令，可重新组合打开的组。

执行"组>附加"命令，可使选定对象成为现有组的一部分。

执行"组>分离"命令，可从对象的组中分离选定对象。

执行"组>炸开"命令，可以解组组中的所有对象。它与"解组"命令不同，后者只解组一个层级。

执行"组>集合"命令，在其级联菜单中提供了用于管理集合的命令。

进阶案例 | 归档场景

在进行室内设计表现的过程中，设计者所制作模型的贴图常常分布在不同的位置。在需要将模型文件复制到另外一台电脑上时，就会发现贴图、光域网文件不见了，打开文件后，会弹出"缺少外部文件"对话框，如右图所示，这说明当前这台电脑的贴图路径不对或者没有贴图。

为了避免这种现象，就需要用到归档命令，将所有的贴图、光域网、模型全部压缩到一起，在使用的时候，只需要将文件解压即可。下面介绍操作步骤。

01 执行"3ds Max应用程序>另存为>归档"命令，打开"文件归档"对话框，设置归档路径及名称，单击"保存"按钮，如下图所示。

02 这时会弹出一个窗口，如下图所示。这就将所有的贴图、光域网文件及模型进行归类并进行压缩。

03 归档完毕后，我们得到一个压缩文件，这样，如果将文件复制到其他电脑上继续操作，可以对文件进行解压缩，所有的贴图、光域网文件以及模型都会在一个文件夹中，不会出现贴图丢失的情况了。

进阶案例 设置绘图单位

单位是在建模之前必须要调整的要素之一，设置的单位用于度量场景中的几何体。这样做更是为了使绘制的图纸更加精确。设置单位的具体操作步骤如下。

01 执行"自定义>单位设置"命令，如下左图所示，或者按快捷键Alt+U+U打开"单位设置"对话框，单击"系统单位设置"按钮，如下右图所示。

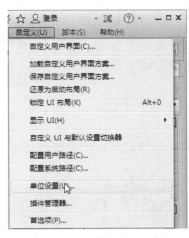

02 打开"系统单位设置"对话框，设置系统单位比例为1单位=1毫米，如下左图所示。

03 单击"确定"按钮返回到"单位设置"对话框，设置显示单位比例为公制的毫米，设置完成后单击"确定"按钮即可，如下右图所示。

除了这些单位之外，软件也将系统单位作为一种内部机制。只有在创建场景或导入无单位的文件之前才可以更改系统单位。不要在现有场景中更改系统单位。

知识链接 **认识单位设置对话框**

"单位设置"对话框用于确定单位显示的方式，通过它可以在通用单位和标准单位间进行选择。也可以创建自定义单位，这些自定义单位可以在创建任何对象时使用。

- 系统单位设置：单击以显示"系统单位设置"对话框并更改系统单位比例。
- 公制：选择此选项，然后选择公制单位（"毫米"、"厘米"、"米"、"公里"）。
- 美国标准：选择此选项，然后选择美国标准单位。如果选择分数单位，那么将会激活相邻的列表选择分数组件。小数单位不需要其他额外的指定。
- 自定义：填充该字段可以定义度量的自定义单位。
- 通用单位：这是默认选项（一英寸），它等于软件使用的系统单位。
- "照明单位"选项组：在该选项组中可以选择灯光值是以"美国单位"还是"国际单位"显示。

进阶案例 **设置绘图快捷键**

在实际工作与学习中为了提高效率，个性快捷键的设置将帮助用户在作图时更加得心应手，接下来将详细讲解快捷键的设置方法。

01 执行"自定义 >自定义用户界面"命令，打开"自定义用户界面"对话框，切换到"键盘"选项卡，如右图所示。

02 选择"角度捕捉切换"操作选项，可以看到"角度捕捉切换"的快捷键为"A"，如下左图所示。

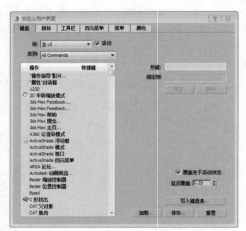

03 保持选择"角度捕捉切换"选项，单击右侧的"移除"按钮，即可将该操作的快捷键取消，此时列表中"角度捕捉切换"选项不再有快捷键，如下右图所示。

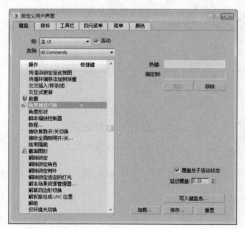
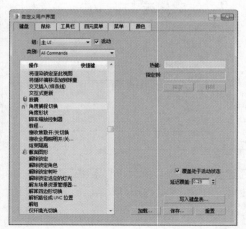

04 假如用户想将"角度捕捉切换"的快捷键替换成"1（数字 1）"，那么只需在"热键"文本框中输入"1"，单击"指定"按钮即可，如下左图所示。

05 操作完成后可以看到"角度捕捉切换"的快捷键已经显示为"1"，如下右图所示，这样快捷键的设置就完成了。

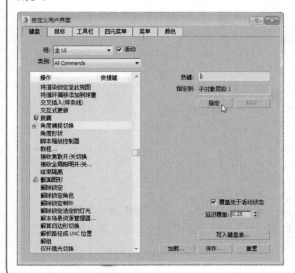 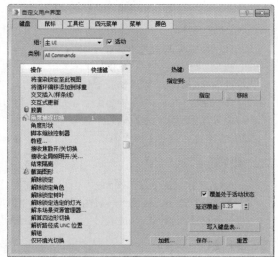

在"键盘"选项卡中还可以创建很多属于自己的快捷键，也可以为大多数命令指定快捷键。这里将不再展开介绍，用户可自行体验。

课后练习

一、选择题

1. 3ds Max的插件默认安装在（　　）目录下。

A. plugins　　　　　B.plugcfg　　　　　C. Scripts　　　　　D. 3ds Max的安装

2. 3ds Max中默认的对齐快捷键为（　　）。

A. W　　　　　　　B. Shift+J　　　　　C. Alt+A　　　　　D. Ctrl+D

3. 复制关联物体的选项是（　　）。

A. 复制　　　　　　B. 实例　　　　　　C. 参考　　　　　　D. 以上都不是

4. 在放样的时候，默认情况下截面图形上的（　　）放在路径上。

A. 第一点　　　　　B. 中心点　　　　　C. 轴心点　　　　　D. 最后一点

5. 渲染场景的快捷键默认为（　　）。

A. F9　　　　　　　B. F10　　　　　　C. Shift+Q　　　　　D. F11

二、填空题

1. 3ds Max设计步骤依次为：＿＿＿＿、建模、＿＿＿＿、材质、＿＿＿＿、＿＿＿＿。

2. 在默认状态下，视图区一般由＿＿＿＿个相同的方形窗格组成，每一个方形窗格为一个视图。

3. 打开材质编辑器的快捷键是＿＿，打开动画记录的快捷键是＿＿＿＿，锁定X轴的快捷键是＿＿＿＿。

三、操作题

为"组炸开"命令指定快捷键V，如下图所示。

 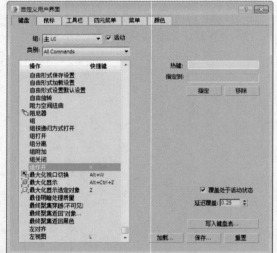

Chapter

03

基础建模技术

本章详细地介绍了几何体和基本图形的创建方法，在讲解的过程中均给出了操作指导，同时还穿插了很多建模技巧。通过对本章内容的学习，读者可以熟悉并掌握标准基本体建模和样条线建模的方法。

知识要点

① 几何体与图形的区别
② 对象的参数设置
③ 标准基本体创建、应用及形态
④ 扩展基本体的创建、应用及形态
⑤ 样条线的创建、应用及形态

上机安排

学习内容	学习时间
● 长方体的创建	15分钟
● 圆锥体的创建	15分钟
● 球体的创建	15分钟
● 圆柱体的创建	15分钟
● 圆环的创建	15分钟
● 茶壶的创建	15分钟
● 扩展基本体的创建	30分钟
● 样条线的创建	30分钟

3.1 创建标准基本体

本节将对3ds Max 2016中标准基本体的命令和创建方法进行详细介绍，以帮助用户更快地熟悉了解和使用3ds Max 2016软件。

首先来认识标准基本体，标准基本体包括：长方体、圆锥体、球体、几何球体、圆柱体、管状体、圆环、四棱锥、茶壶、平面。

在命令面板中单击"创建" ▣ > "几何体" ▣ > "标准基本体" 标准基本体 ▾ 命令即可显示全部标准基本体，如右图所示。

3.1.1 长方体

长方体是建模最常用的基本体之一，下面将向用户详细介绍长方体的创建方法和参数的设置。具体操作步骤如下。

步骤01 在标准基本体创建命令面板中单击"长方体"按钮，在顶视图中拖动鼠标绘制长方形，如下左图所示。

步骤02 松开鼠标，再沿Z轴移动光标，长方形出现了厚度，变成长方体，如下右图所示。

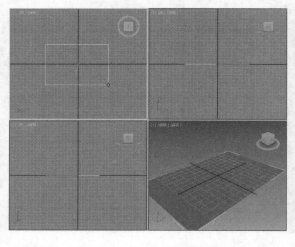

步骤03 向上移动光标到指定高度后释放鼠标，即可创建出一个长方体，单击"所有视图最大化显示选定对象"按钮 ▣，如下图所示。

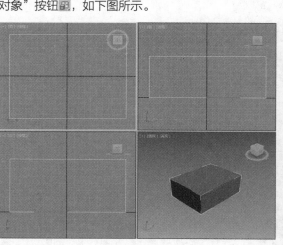

步骤04 在右边的"参数"卷展栏中设置"长度分段"为2、"宽度分段"为3、"高度分段"为4，在顶视图、前视图、左视图中可以看到分段效果，如下图所示。

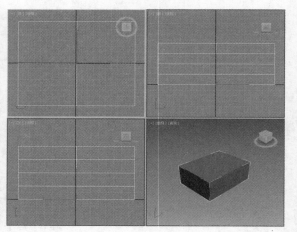

步骤05 切换到透视视图，在视图左上角的视图显示方式处单击鼠标右键，在弹出的快捷菜单中选择"边面"命令，此时在透视视图中的模型将显示出分段的边，如下图所示。

步骤06 进入修改命令面板，从中设置模型的长度、宽度、高度，得出相应大小的长方体，如下图所示。至此，长方体就创建完成了。

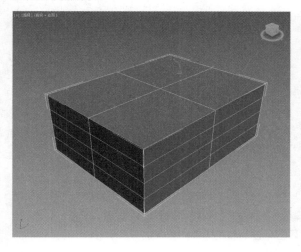

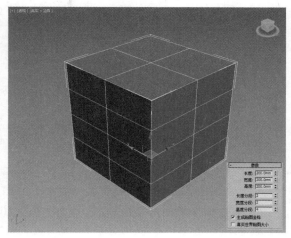

3.1.2 圆锥体

接下来讲解的是圆锥体，这个命令还可以用于创建天台。该命令的具体使用方法如下。

步骤01 在标准基本体创建命令面板中单击"圆锥体"按钮，在顶视图中单击确定圆心并拖动创建一个圆面，如下左图所示。

步骤02 释放鼠标左键，沿Z轴向上移动鼠标，圆面升起成圆柱，其高度随光标的位置变化而变化，如下右图所示。

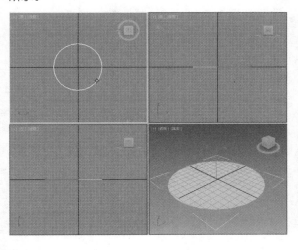

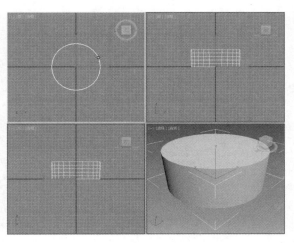

步骤03 移动到适当位置时再单击鼠标，圆柱高度停止变化。继续移动鼠标，圆柱顶面随鼠标移动而放大，如下左图所示。

步骤04 向反方向移动鼠标，直到半径2尺寸变为0，单击鼠标即可完成圆锥体的创建，如下右图所示。

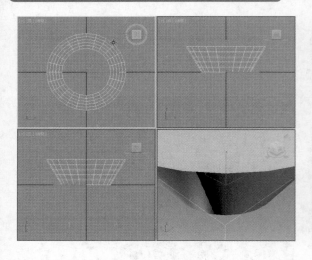
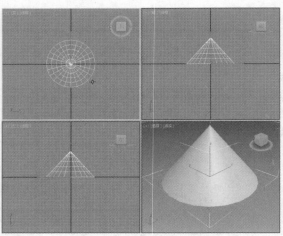

3.1.3 球体

　　球体表面的网格线由经纬线构成，利用球体模型可以生成完整的球体、半球体或球体的其他部分，还可以围绕球体的垂直轴对其进行切片。下面将介绍"球体"的创建，其具体操作步骤如下。

步骤01 在标准基本体创建命令面板中单击"球体"按钮，在透视视图中按住鼠标左键拖动创建一个球体，如下左图所示。

步骤02 在球体的"参数"卷展栏中设置"半径"为100mm，适当调整其他参数，如下右图所示。

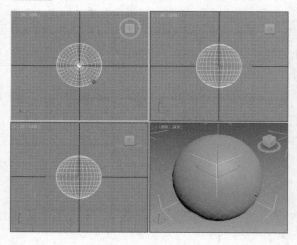
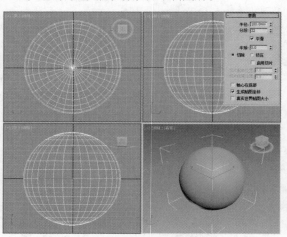

步骤03 在"参数"卷展栏的"半球"数值框中输入0.5，即沿Z轴去掉50%的球体，同时选中"切除"单选按钮，如下左图所示。

步骤04 在"参数"卷展栏中勾选"启用切片"复选框，并设置"切片起始位置"为40、"切片结束位置"为160，效果如下右图所示。

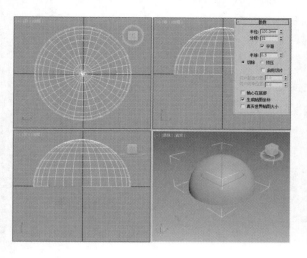
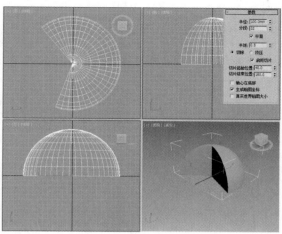

3.1.4 几何球体

　　与标准球体相比，几何球体能够生成更加规则的曲面。几何球体表面的网格线由三角面拼接而成，而球体表面由四边形构成，由于组成几何球体表面网格的三角面具有更好的对称性，在相同分段的情况下，几何球体的渲染效果比球体更加光滑。下面将介绍几何球体的创建，其具体操作步骤如下。

步骤01 在标准基本体创建命令面板中单击"几何球体"按钮，在顶视图中创建几何球体，如下左图所示。

步骤02 在"参数"卷展栏中将"分段"设置为1，并取消勾选"平滑"复选框，即可区分各种基点面类型，这里选择"二十面体"如下右图所示。

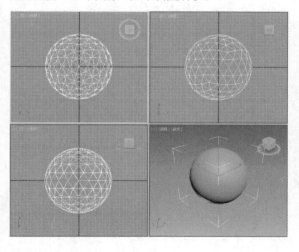
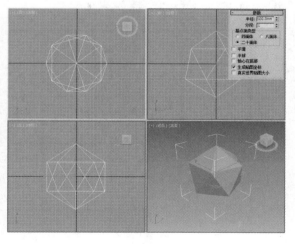

步骤03 四面体组成几何球体的分段是4个面，如下左图所示。

步骤04 同样地，八面体即组成几何体的分段面是8个面，如下右图所示。

需要说明的是，三维对象的细腻程度与物体的分段数有着密切的关系，分段数越多，物体表面就越细腻光滑，反之分段数越少，物体表面就越粗糙。

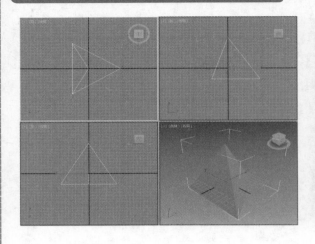
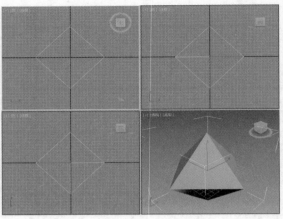

3.1.5 圆柱体

圆柱体的创建相对其他基本体要简单一些，用户很容易掌握，其操作步骤如下。

步骤01 在标准基本体创建命令面板中单击"圆柱体"按钮，创建圆柱体，如下左图所示。

步骤02 在"参数"卷展栏中设置半径及高度值，如下右图所示。

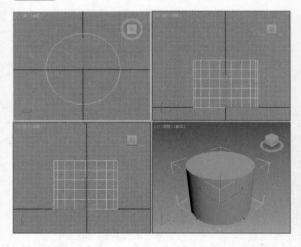
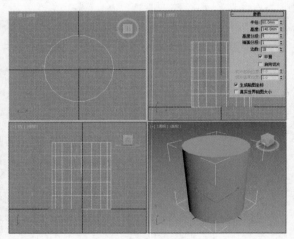

步骤03 将 "边数"改为6时，圆柱体变成了六棱
柱，如右图所示。

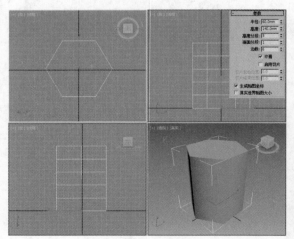

步骤04 随后勾选"启用切片"复选框，并设置"切片起始位置"为40、"切片结束位置"为160，得到的效果如右图所示。至此，完成圆柱体的创建。

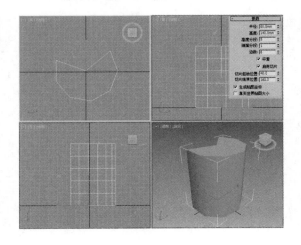

3.1.6 管状体

管状体主要应用于管道类物体的制作，相对也比较简单，下面讲解制作管状体的操作步骤。

步骤01 在标准基本体创建命令面板中单击"管状体"按钮，在顶视图中按住鼠标左键并拖动，产生一个圆圈，如下左图所示。

步骤02 到适当位置松开鼠标左键并继续拖动鼠标，产生一个圆环面，如下右图所示。

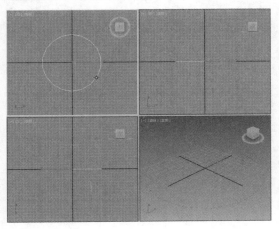
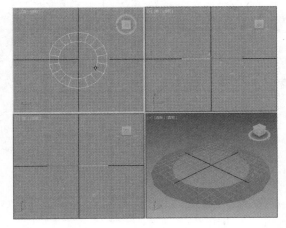

步骤03 到适当的位置单击鼠标左键，放开后沿Z轴拖动鼠标，圆环面升起变成圆管，如右图所示。

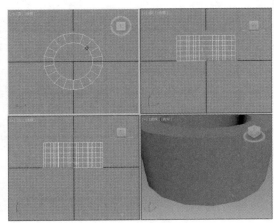

步骤04 到适当高度后单击鼠标左键，松开左键完成管状体的创建，如右图所示。

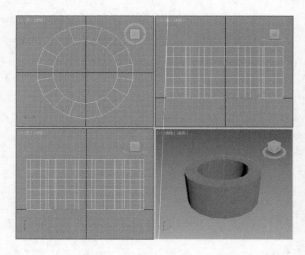

步骤05 打开"修改"命令面板，"半径1"和"半径2"分别控制圆管截面的外径和内径。其余参数与圆台含义相同。管状体、圆锥体、圆柱体三者属于相近形状，它们的参数控制方法也相同，如下左图所示。

步骤06 在"参数"卷展栏中勾选"启用切片"复选框，并设置"切片起始位置"为40、"切片结束位置"为160，如下右图所示。

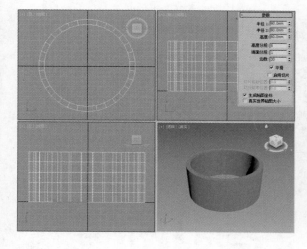
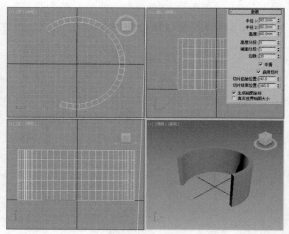

3.1.7 圆环

圆环的创建操作相比前面几个标准基本体增加了一些知识点。其具体操作步骤如下。

步骤01 在标准基本体创建命令面板中单击"圆环"按钮，在顶视图中单击确定圆心并向外侧拖动鼠标，会出现一个圆环，如下左图所示。

步骤02 到适当的位置松开鼠标左键并向相反的方向拖动鼠标，可以看到内径跟随光标变化，松开鼠标即可完成圆环的创建，如下右图所示。

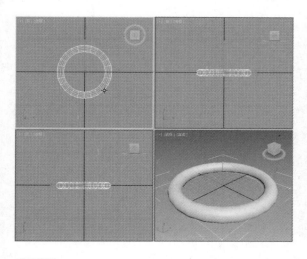
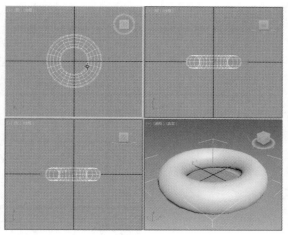

步骤03 需要注意的是圆环的"半径1"和"半径2"与其他几何物体不同，"半径1"指轴半径，"半径2"指截面半径，调整后如下左图所示。

步骤04 利用"分段"数值框右侧的微调按钮进行调节，注意随着分段的变化圆环的变化情况，由此可明白圆环的分段是水平排列，如下右图所示。

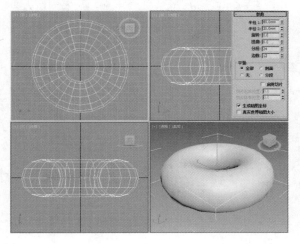
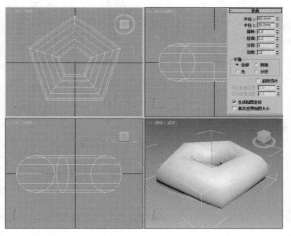

步骤05 利用同样方法可以观察"边数"的含义，圆环的边指与圆环平行的母线之间的段数，右图所示的是边数为4的圆环。

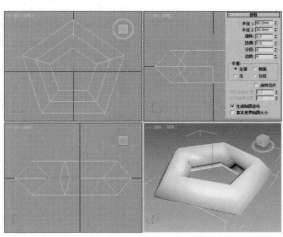

步骤06 利用同样方法来观察"扭曲"的作用方式。圆环扭曲是以环轴为轴心进行的,从分段的变化即可看出,如右图所示。

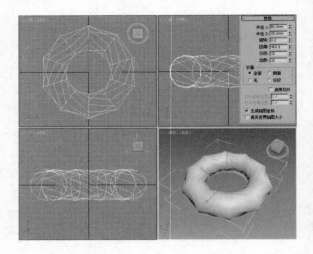

步骤07 圆环的平滑要复杂些,包括"无"、"侧面"、"分段"和"全部",下左图所示为选中"侧面"单选按钮的效果,与圆环平行的方向上的连续面形成一个光滑组。

步骤08 选中"分段"后,与圆环断面平行的面形成一个光滑组,如下右图所示。

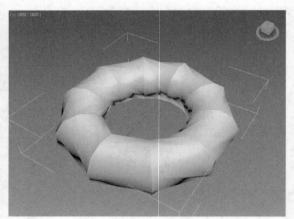

步骤09 选中"无"单选按钮后,与圆环平行的方向和与圆环断面平行的方向上的所有面都不进行平滑,如下右图所示。

步骤10 勾选"启用切片"复选框,设置"切片起始位置"为30、"切片结束位置"为180,如下右图所示。

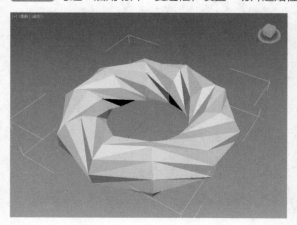
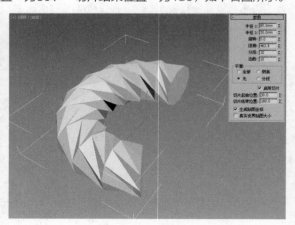

3.1.8 茶壶

接下来讲的是茶壶，这也是一个比较常用的基本体。下面将对其具体的创建步骤进行介绍。

步骤01 在标准基本体创建命令面板中单击"茶壶"按钮，在透视视图中用鼠标创建一个茶壶，如下左图所示。

步骤02 茶壶只有"半径"和"分段"两个控制参数，如下右图所示。"分段"的控制方式与圆柱体相似。

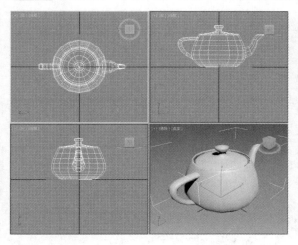
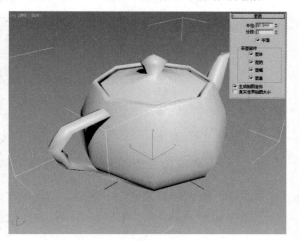

步骤03 "茶壶部件"选区控制是否创建茶壶各组成部件，如下左图所示为勾选"壶体"复选框的效果。

步骤04 继续勾选"壶把"复选框，视图中将显示壶把，如下右图所示。

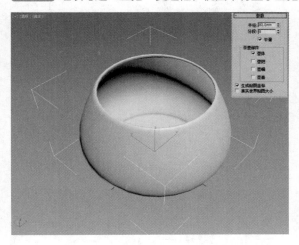
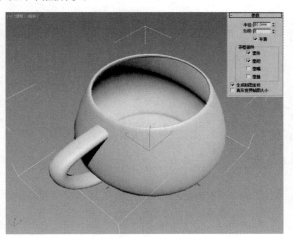

茶壶的命令就讲解到这里了，本节后面的实例中会用到茶壶及壶身，用户一定要熟练茶壶命令的运用。

3.2 创建扩展基本体

　　扩展基本体是3ds Max复杂基本体的集合。本节将对3ds Max 2016中扩展基本体的命令和创建方法进行详细介绍，以帮助用户更快地熟悉了解和使用3ds Max 2016软件。接下来我们先来初步认识扩展基本体。

　　扩展基本体的位置："创建"命令面板 > "几何体" > "扩展基本体" 扩展基本体 ▼ ，包括：异面体、环形结、切角长方体、切角圆柱体、油罐、胶囊、纺锤、L-Ext（L形拉伸体）、球棱柱、C-Ext（C形拉伸体）、环形波、软管、棱柱，如下图所示。

3.2.1 异面体

　　异面体是一个可调整的由3、4、5边形围成的几何形体，其创建步骤如下。

步骤01 在扩展基本体创建命令面板中单击"异面体"按钮，创建一个多面体，如下左图所示。

步骤02 创建的四面体、立方体/八面体、十二面体/二十面体、星形1、星形2效果如下右图所示。

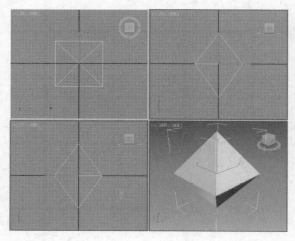

步骤03 "系列参数"选区中的P、Q两个参数控制着多面体顶点和轴线双重变换的关系，二者之和不能大于1。设定其中一方不变，另一方增大，当二者之和大于1时系统会自动将不变的那一方降低，以保证二者之和等于1。右图所示为P为0.6、Q为0.1时的四面体。

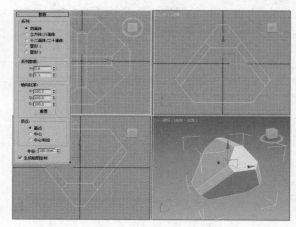

步骤04 "轴向比率"选区中的P、Q、R三个参数分别为其中一个面的轴线，调整这些参数便可以将这些面分别从其中心凹陷或凸出。右图所示的是P为100、Q为50、R为80时的四面体。

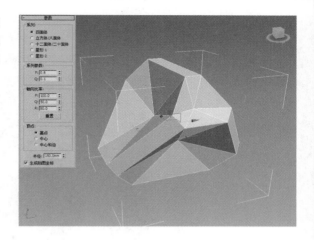

3.2.2 环形结

接下来我们讲解的是环形结，该扩展基本体常用于室内花饰的建模，其创建步骤如下。

步骤01 在扩展基本体创建命令面板中单击"环形结"按钮，创建一个多结圆环体，如下左图所示。

步骤02 "基础曲线"选区有两种形式，一种是"结"，另一种是"圆"。下右图所示为选择"圆"单选按钮，将"扭曲数"设置为8，将"扭曲高度"设置为0.3时的效果。

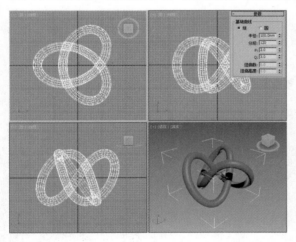
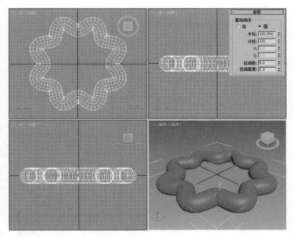

步骤03 P、Q两个控制参数分别控制垂直和水平方向的环绕次数。右图所示的是P为2.5、Q为2时的效果。当数值不是整数时，对象有相应的断裂。

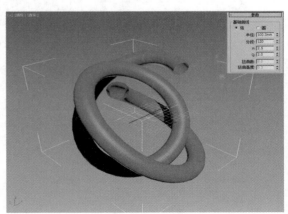

步骤04 "横截面"选区中的"半径"用于控制横截面的半径，"边数"用于控制横截面的边数，"偏心率"是指横截面偏离中心的比例，"扭曲"是指横截面的扭曲程度。下图所示的是设置"半径"为19、"边数"为12、"偏心率"为0.7、"扭曲"为21时的效果。

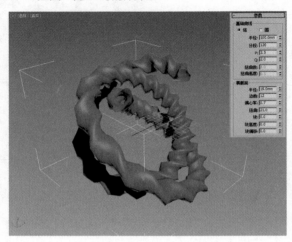

3.2.3 切角长方体、切角圆柱体、油罐

下面将对常见的切角长方体、切角圆柱体、油罐、胶囊、纺锤体的创建过程进行详细介绍，其具体操作步骤如下。

步骤01 在扩展基本体创建命令面板中单击"切角长方体"按钮，创建一个倒角长方体，如下左图所示。该基本体常用于室内平整形家居的建模如衣柜，写字台等。

步骤02 设置关键参数"圆角"和"圆角分段"。下右图所示的是"圆角"为10、"圆角分段"为5，其余参数与长方体相同时的效果。

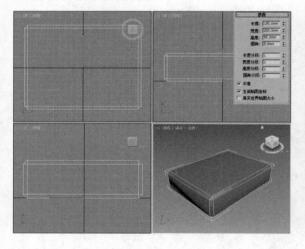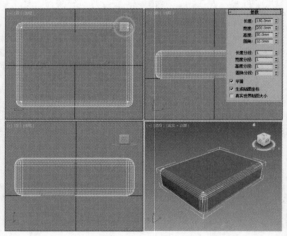

步骤03 在扩展基本体创建命令面板中单击"切角圆柱体"按钮，创建一个倒角圆柱，如下左图所示。

步骤04 设置关键参数"圆角"和"圆角分段"。下右图所示的是"圆角"为8、"圆角分段"为3时的效果。

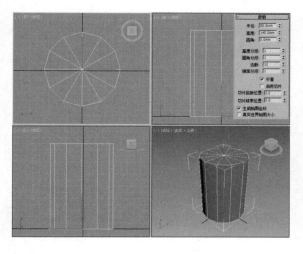
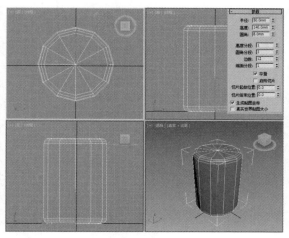

步骤05 在扩展基本体创建命令面板中单击"油罐"按钮，创建一个油罐体，如下左图所示。

步骤06 设置参数"混合"，它控制着半球与圆柱体交接边缘的圆滑量，下右图是"混合"为30时的效果。

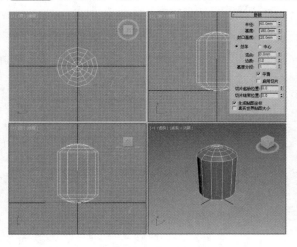
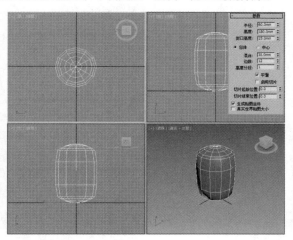

胶囊、纺锤体的创建方法及参数设置与油罐大致相同，这里将不再一一介绍。

3.2.4 球棱柱、C形拉伸体、软管、棱柱

接下来对球棱柱、C形拉伸体、软管、棱柱进行讲解，其创建步骤如下。

步骤01 在扩展基本体创建命令面板中单击"球棱柱"按钮，创建一个多边倒角棱柱，如右图所示。该基本体常用于创建花样形状，如地毯、墙面饰物。

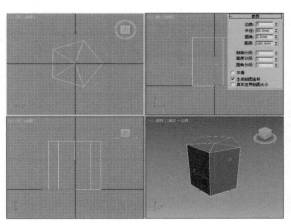

步骤02 关键参数有"边数"、"半径"、"圆角"、"高度"、"侧面分段"、"高度分段"、"圆角分段",如右图所示。

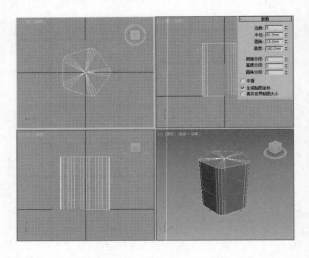

步骤03 在扩展基本体创建命令面板中单击"C-Ext"按钮,创建C形体,如下左图所示,该基本体常用于创建室内墙壁、屏风等。

步骤04 控制参数有背面/侧面/前面长度和宽度、高度、背面/侧面/宽度/高度分段,如下右图所示。

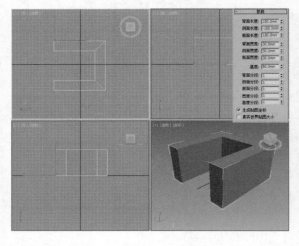

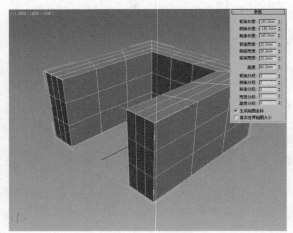

步骤05 在扩展基本体创建命令面板中单击"软管"按钮,创建一个软管,如右图所示,该基本体常用于创建喷淋管、弹簧等。

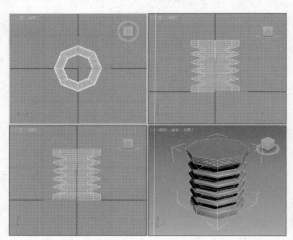

步骤06 在"软管形状"选区中选择长方形软管,设置相关参数,如右图所示。

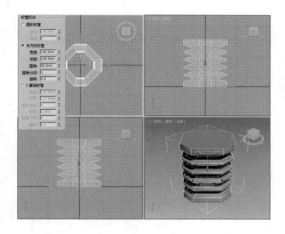

步骤07 在扩展基本体创建命令面板中单击"棱柱"按钮,创建一个三棱柱,如下左图所示,该基本体常用于简单形体家具的创建。

步骤08 设置关键参数如侧面长度、宽度、高度,以及各侧面分段,如下右图所示。

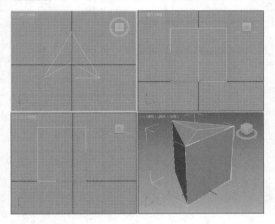
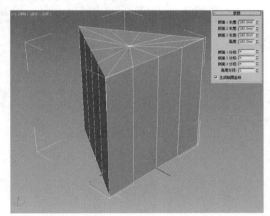

进阶案例 制作多彩沙发模型

本次的进阶案例中,将会制作一个简单的彩色沙发模型,操作起来非常简单,效果鲜明可爱,具体步骤如下。

01 在顶视图中创建一个切角长方体作为沙发底座,设置相关参数,如右图所示。

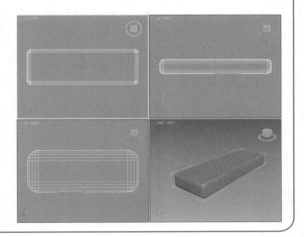

02 模型的具体尺寸参数如下左图所示，这里模型圆角分段数越大，它的棱角越为平滑。

03 向上复制模型，调整到合适位置，作为坐垫，调整宽度尺寸，如下中图所示。

04 尺寸调整如下右图所示。

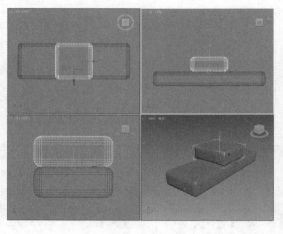

05 向两侧复制模型，如下图所示。

06 复制模型，调整尺寸后将其作为沙发扶手，如下图所示。

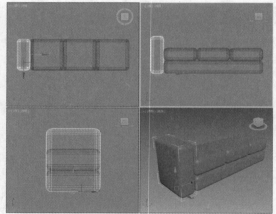

07 扶手尺寸设置如下图所示。

08 复制扶手模型到另一侧，如下图所示。

09 继续复制模型，调整尺寸后作为沙发靠背，如下左图所示。

10 最后调整模型基本颜色，效果如下右图所示。

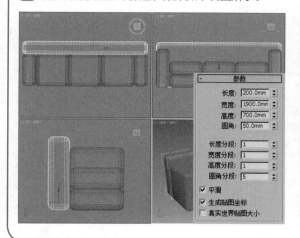
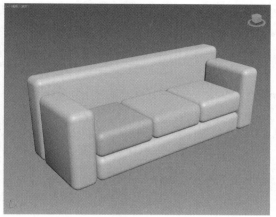

3.3 样条线

在使用3ds Max制作效果图的过程中，许多三维模型都来源于二维图形。二维图形是由节点和线段组成的，这种方法适合创建一些结构复杂的模型。3ds Max中的二维图形是一种矢量线，由基本的顶点、线段和样条线等元素构成。使用二维图形建模的方法是先绘制一个基本的二维图形，然后进行编辑，最后添加能将二维图形转换成三维模型的命令即可生成三维模型。

样条线是指由两个或两个以上的顶点及线段所形成的集合线。利用不同的点线配置以及曲度变化，可以组合出任何形状的图案，样条线的位置："创建"命令面板 ▶ "图形" ▶ "样条线" 样条线。

样条线包括线、矩形、圆、椭圆、弧、圆环、多边形、星形、文本、螺旋线、截面等11种，如右图所示。

建筑及室内设计常用到的样条线就是线，故下面将详细讲解线的创建和使用方法。

3.3.1 线

线工具是样条线中应用最为频繁的类型，它在建模中扮演着重要的角色，用户一定要重视线创建的学习。在修改命令面板中可以看到线的参数设置卷展栏，包括渲染、插值、选择、软选择与几何体五个卷展栏。

1. 渲染

"渲染"卷展栏主要用于控制线在视图和渲染中的效果，如右图所示。

- 在渲染中启用：勾选该选项才能渲染出样条线。
- 在视口中启用：勾选该选项后，样条线会以三维的效果显示在视图中。
- 生成贴图坐标：控制是否应用贴图坐标。
- 真实世界贴图大小：控制应用于对象的纹理贴图材质所使用的缩放方法。

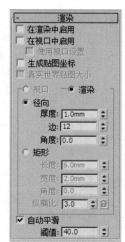

- 视口/渲染：当勾选"在视口中启用"选项时，样条线将显示在视图中，当同时选中"在视口中启用"和"渲染"选项时，样条线在视图中和渲染中都可以显示出来。

2. 插值

展开"插值"卷展栏，参数如右图所示。

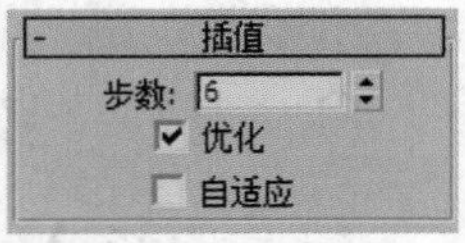

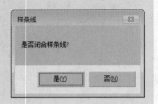

- 步数：可以手动设置每条样条线的步数。
- 优化：启用该选项后，可以从样条线的直线线段中删除不需要的步数。
- 自适应：启用该选项后，会设置样条线的步数，平滑曲线。

> **知识链接**
>
> 3ds Max在绘制线形后，线的起点和终点重叠在一起时（5个像素之内距离），将会弹出"样条线"对话框。在该对话框中会提醒用户是不是要将这条线段封闭，如果需要封闭，可在该对话框中单击"是"按钮，如右图所示。

3. 选择

展开"选择"卷展栏，参数如右图所示。

- 顶点：定义点和曲线切线。
- 分段：连接顶点。
- 样条线：一个或多个相连线段的组合。
- 复制：将命名选择放置到复制缓冲区。
- 粘贴：从复制缓冲区中粘贴命名选择。
- 锁定控制柄：每次只能变换一个顶点的切线控制柄。

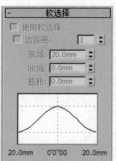

4. 软选择

展开"软选择"卷展栏，参数如右图所示。

- 使用软选择：可在编辑对象或"编辑"修改器的子对象层级上影响移动、旋转和缩放功能的操作。
- 边距离：启用该选项后，将软选择限制到指定的面数，该选择在进行选择的区域和软选择的最大范围之间。
- 影响背面：启用该选项后，那些法线方向与选定子对象平均法线方向相反的、取消选择的面就会受到软选择的影响。
- 衰减：用来定义影响区域的距离，用当前单位表示从中心到球体的边的距离。
- 收缩：沿着垂直轴提高并降低曲线的顶点。
- 膨胀：沿着垂直轴展开和收缩曲线。

5. 几何体

展开"几何体"卷展栏，参数如下图所示。

- 创建线：向所选对象添加更多样条线。
- 断开：在选定的一个或多个顶点拆分样条线。
- 附加：可以在单击该选项后，单击多条线，使其附加变为一个整体。
- 附加多个：单击该按钮可以在列表中选择需要附加的对象。
- 横截面：在横截面形状外面创建样条线框架。

- 优化：选择该工具后，可以在线上单击鼠标左键添加点。
- 连接：启用时，通过连接新顶点创建一个新的样条线子对象。
- 自动焊接：自动焊接在一定阈值范围内的顶点。
- 阈值距离：用于控制在自动焊接顶点之前，两个顶点接近的程度。
- 焊接：将两个顶点转化为一个顶点。
- 连接：连接两个顶点以生成一个线性线段。
- 反转：单击该按钮可以将选择的样条线进行反转。
- 循环：单击该按钮可以循环选择顶点。
- 相交：在同一个线对象的两个样条线的相交处添加顶点。
- 圆角：允许在线段会合处设置圆角，并添加新的控制点。
- 切角：允许使用切角功能设置角部的倒角。

下面将对线的创建过程进行详细介绍。

步骤01 在样条线创建命令面板中单击"线"按钮，在前视图中单击鼠标左键，并跳跃式继续单击不同位置，生成一条线，然后右击结束创建，鼠标单击的位置即记录为线的节点，节点是控制线的基本元素，节点分"角点""平滑""Bezier"三种，如下左图所示。

步骤02 在修改命令面板中，单击并激活Line，默认选择"顶点"子层级，如下右图所示。

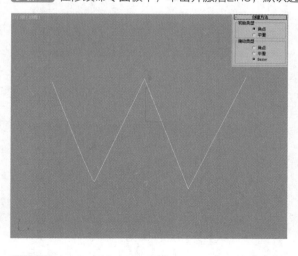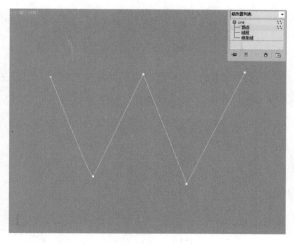

步骤03 在"渲染"卷展栏中，勾选"在渲染中启用"和"在视口中启用"选项，设置径向厚度为5，如下左图所示，这样线就有了一定的厚度。

步骤04 激活"矩形"选项，线将以矩形的形态呈现，如下右图所示。

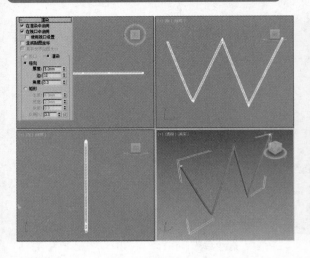
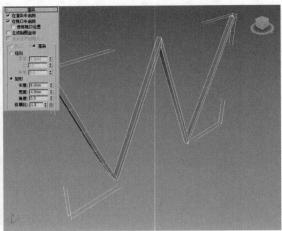

步骤05 在"几何体"卷展栏中，由"角点"所定义的点形成的线是严格的折线，由"平滑"所定义的节点形成的线是可以圆滑相接的曲线。单击鼠标时若立即松开便形成折角，若继续拖动一段距离后再松开便形成圆滑的弯角，如下左图所示。

步骤06 "断开"就是将一个顶点断开成为两个，如下右图所示。

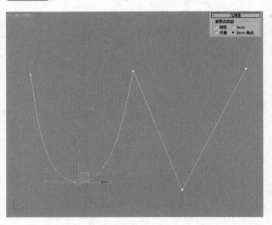
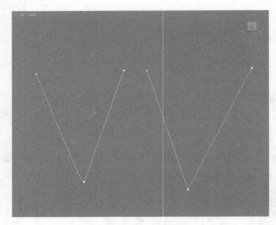

步骤07 "圆角"就是把直角变得具有圆滑度，如下左图所示。

步骤08 "切角"就是将直角切成一条直线，如下右图所示。

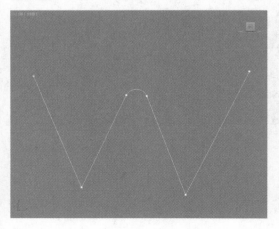
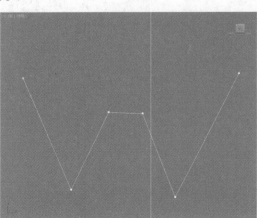

3.3.2 文本

使用文本样条线可以很方便地在视图中创建出文字模型，并且可以更改字体类型和字体大小。文本的参数设置界面如右图所示（"渲染"和"插值"两个卷展栏中的参数与"线"工具的参数相同）。

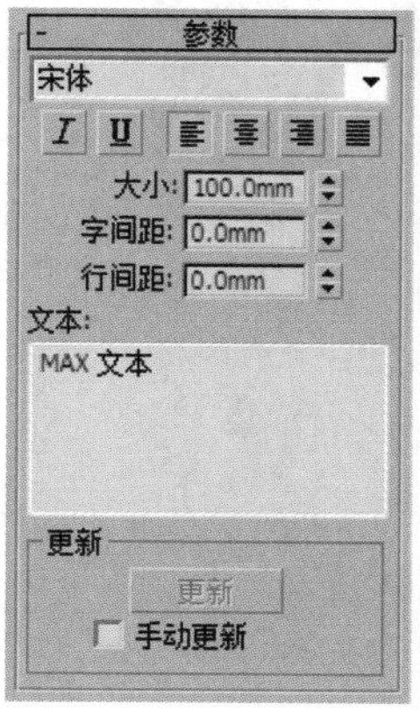

- 字体列表：可以从所有可用字体的列表中进行选择。可用字体包括Windows中安装的字体以及安装在"配置系统路径"对话框中的"字体"路径指向的"类型/PostScript"字体。
- 大小：设置文本高度，其中测量高度的方法由活动字体定义。第一次输入文本时，默认尺寸是100单位。
- 字间距：文字之间的距离值。
- 行间距：用来设置每一行文字之间的距离值。只有图形中包含多行文本时才起作用。
- 文本：可输入多行文本，在每行文本之后按下Enter键可开始下一行。
- 更新：更新3ds Max视口中的文本来匹配编辑框中的当前设置。仅当"手动更新"处于启用状态时，此按钮才可用。

> **知识链接**
>
> 文本可以使用系统中安装的任意Windows字体，或者"类型1 PostScript"字体，它安装在"配置系统路径"对话框中的"字体"路径指向的目录中。因为字体仅在首次使用时才会加载，所以之后更改字体路径不会立即生效；一旦用户已使用字体管理器，则必须先重新启动3ds Max，然后才能使用新的字体路径。

3.3.3 螺旋线

3ds Max中使用螺旋线可以创建开口平面、3D螺旋线或螺旋，或者制作物体的运动路径。其参数面板如下图所示。

- 半径1：设置螺旋线的内径。
- 半径2：设置螺旋线的外径。
- 高度：设置螺旋线的高。
- 圈数：设置起点和终点之间螺旋线旋转的圈数。
- 偏移：设置螺旋线向某个顶点的偏移强度，如果螺旋线的高度为0，则调节偏移值没有任何效果。
- 顺时针/逆时针：表示生成螺旋线的方向。

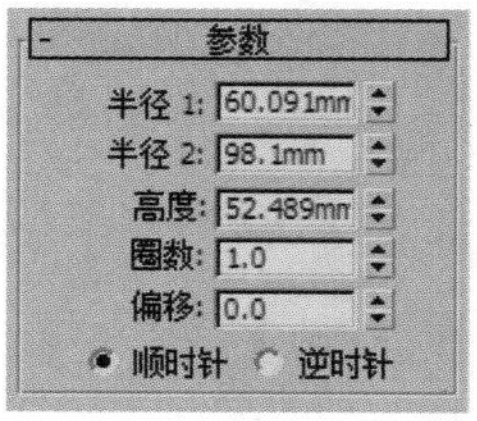

3.3.4 其他样条线的创建

除了以上3种样条线以外，还有矩形、圆、椭圆、弧、圆环、多边形、星形、卵形和截面几种样条线。这几种样条线都很简单，参数也很容易理解，掌握样条线的操作后，其他样条线就相对简单了很多，具体介绍如下。

步骤01 矩形，常用于创建简单家具的拉伸原形。关键参数有"可渲染""步数""长度""宽度""角半径"，如下左图所示。

步骤02 圆，常用于创建室内家具的花式，即简单形状的拉伸原型，关键参数有"步数""可渲染""半径"，如下右图所示。

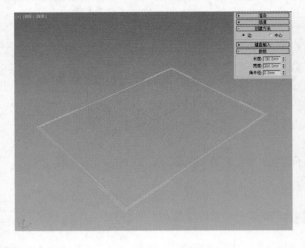
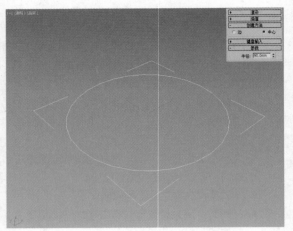

步骤03 椭圆，常用于创建以圆形为基础的变形对象，关键参数有"可渲染""节数""长度""宽度"，如下左图所示。

步骤04 弧，关键参数有"端点-端点-中央""中央-端点-端点""半径""起始角度""结束角度""饼形切片"和"反转"，如下右图所示。

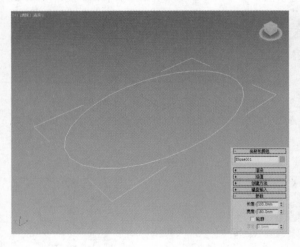
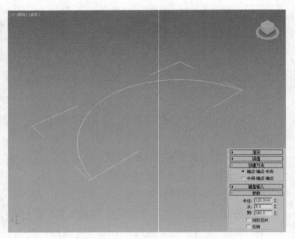

步骤05 圆环，关键参数包括"可渲染""步数""半径1""半径2"，如下左图所示。

步骤06 多边形，关键参数包括"半径""内接""外接""边数""角半径""圆形"，如下右图所示。

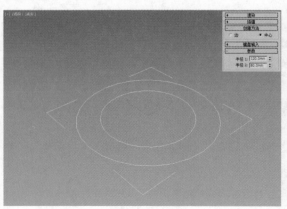
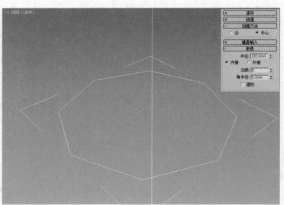

步骤07 星形，关键参数有"半径1""半径2""点""扭曲""圆角半径1"和"圆角半径2"，如下左图所示。

步骤08 截面，即从已有对象上取的剖面图形作为新的样条线。如下右图所示，在所需位置创建剖切平面。

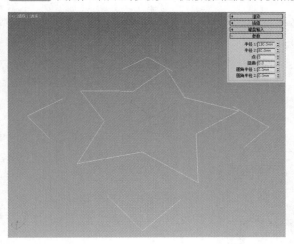
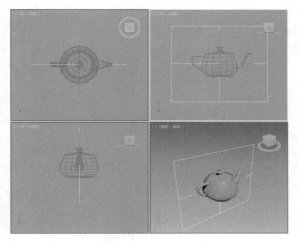

步骤09 在"截面参数"卷展栏中单击"创建图形"按钮，输入名称后单击"确定"按钮，如下左图所示。

步骤10 删除作为原始对象的茶壶以及截面，剖切后产生的轮廓线就会显现出来，如下右图所示。

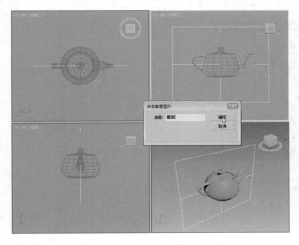
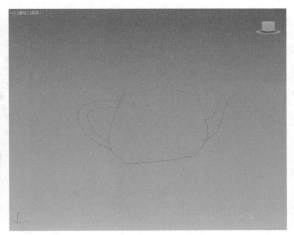

3.3.5 扩展样条线

"扩展样条线"共有5种类型，分别是"墙矩形""通道""角度""T形"和"宽法兰"，如下图所示。这5种扩展样条线在前视图中的显示效果如右图所示。

进阶案例 制作蚊香模型

本次的进阶案例中，将利用螺旋线来制作蚊香模型，具体步骤如下。

01 在创建命令面板中单击"螺旋线"按钮，创建一条螺旋线，如下图所示。

02 向上复制模型，再调整圆角及圆角分段参数，作为沙发坐垫，如下图所示。

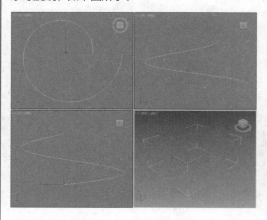

03 调整好的螺旋线效果如下左图所示。

04 在"渲染"卷展栏中勾选"在渲染中启用""在视口中启用"复选框，设置其矩形尺寸，如下右图所示。

05 设置后的模型如下左图所示。

06 调整模型颜色，使其更加接近蚊香颜色，如下右图所示。

课后练习

一、选择题

1. 执行（　　）命令可将3ds Max 2016的系统界面复位到初始状态。

A. 新建　　　　　B. 合并　　　　　C. 导入　　　　　D. 重置

2. 复制具有关联性物体的选项为（　　）。

A. 加点　　　　　B. 参考　　　　　C. 实例　　　　　D. 复制

3. 3ds Max中默认保存文件的扩展名是（　　）。

A. *.3ds　　　　　B. *.max　　　　　C. *.dwg　　　　　D. *.dxf

4. 在标准几何体中，惟一没有高度的物体是（　　）。

A. 平面　　　　　B. 长方体　　　　　C. 四棱锥　　　　　D. 圆锥体

5. 创建长方体时，按住键盘上的Ctrl键后再拖动鼠标，即可创建出（　　）。

A. 四面体　　　　　B. 梯形　　　　　C. 正方形　　　　　D. 正方体

二、填空题

1. 3ds Max中提供了_____种视图布局。

2. _____变形命令用于产生适配变形。

3. 在所有正交视图中，_____和_____没有区别。

4. 默认状态下，按住_____可以锁定所选择的物体，以便对所选对象进行编辑。

三、操作题

用户可以综合运用本章所学的知识创建一把魔法椅和躺椅模型，分别如下图所示。

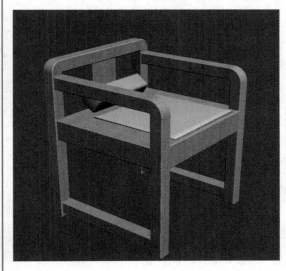

Chapter

04

三维模型的创建
与编辑

在学习了基础建模的知识后，接下来将介绍复合对象的应用、修改器的应用等知识。通过对本章内容的学习，用户可以全面了解建模的思路，熟悉建模的要领，掌握创建各种三维模型的方法与技能，为建模操作打下坚实的基础。

知识要点

① 复合对象的使用
② 修改器的基础知识
③ 常见修改器建模
④ NURBS曲线建模
⑤ 可编辑对象

上机安排

学习内容	学习时间
● 创建复合对象	30分钟
● 修改器的使用	50分钟
● 制作魔法书本模型	20分钟
● 制作石头模型	20分钟

4.1 创建复合对象

所谓复合对象就是指利用两种或者两种以上二维图形或三维模型复合成一种新的、比较复杂的三维造型。

复合对象的位置"创建"命令面板 > "几何体" > "复合对象" 复合对象 ，包括：变形、散布、一致、连接、水滴网格、图形合并、布尔、地形、放样、网格化、超级布尔、超级切割对象，如右图所示。

下面将对一些最重要的创建命令进行介绍。

4.1.1 布尔操作

布尔是通过对两个或两个以上几何对象进行并集、差集、交集的运算，从而得到一种复合对象的方法。具体创建步骤如下。

步骤01 创建两个或两个以上几何对象，如下左图所示。

步骤02 选择一个对象，这个对象在布尔操作中称为操作对象A，比如我们选择圆锥体，如下右图所示。

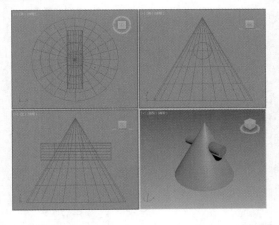
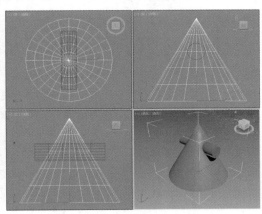

步骤03 在复合对象创建命令面板中单击"布尔"按钮，在"拾取布尔"卷展栏中单击"拾取操作对象B"按钮，从该按钮下方选择一种拾取方式，默认为"移动"方式。然后在视图中单击选择操作对象B，这里选择圆柱体，如下左图所示。

步骤04 单击后完成布尔操作，效果如下右图所示。

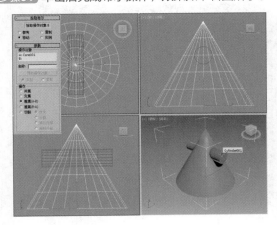
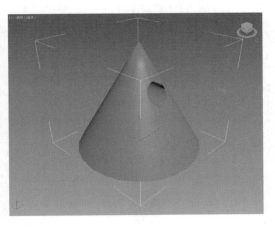

步骤05 在参数面板中可以重新设置操作方式。当设置为"差集（B-A）"时，效果如下左图所示。

步骤06 将操作方式设置为"并集"时，两个模型合并为一个整体且统一了颜色，如下右图所示。

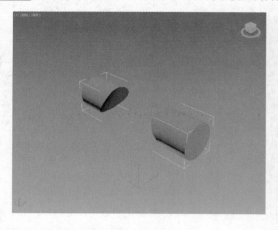 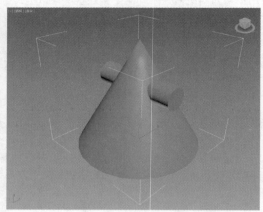

步骤07 将操作方式设置为"交集"时，效果如下左图所示。

步骤08 将操作方式设置为"切割（优化）"时，效果如下右图所示。

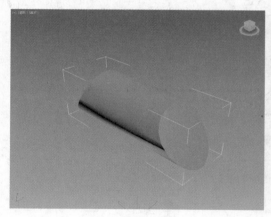 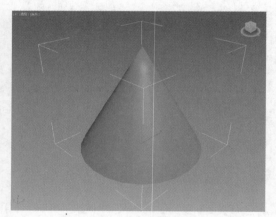

步骤09 将操作方式设置为"切割（移除内部）"时，效果如下左图所示。

步骤10 将操作方式设置为"切割（移除外部）"时，效果如下右图所示。

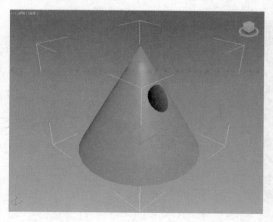 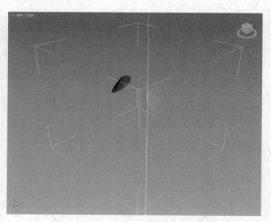

4.1.2 创建放样对象

放样是将一个二维形体对象作为沿某个路径的剖面，而形成复杂的三维对象。同一路径上可在不同的段给予不同的形体，我们可以利用放样来实现很多复杂模型的构建。接下来向用户介绍放样的操作步骤。

在制作放样物体前，首先要创建放样物体的二维路径与截面图形。

步骤01 在样条线创建命令面板中单击"星形"按钮，在前视图中创建星形，如下左图所示。

步骤02 在样条线创建命令面板中单击"弧"按钮，在顶视图中绘制一条弧线，作为放样路径，如下右图所示。

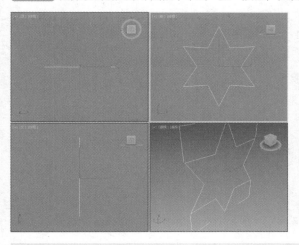 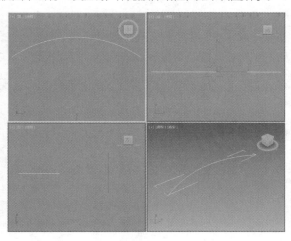

知识链接 ▶ 关于放样操作

放样可以选择物体的截面图形后获取路径放样物体，也可通过选择路径后获取图形的方法放样物体。

步骤03 选择样条线，使曲线处于激活状态，在复合对象创建命令面板中单击"放样"按钮，接着在"创建方法"卷展栏中单击"获取图形"按钮，在视口中选择星形截面，如下左图所示。

步骤04 单击后完成放样操作，效果如下右图所示。

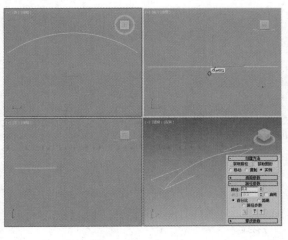 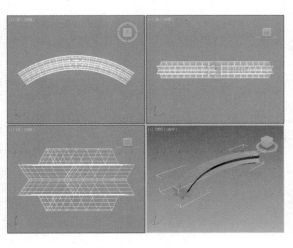

放样的知识就讲解到这里了，还有很多模型会用到放样，所以用户可以自行体验运用放样方法建模，熟悉掌握放样命令的运用。

4.2 修改器的使用

修改器在三维动画建模中扮演着相当重要的角色，几乎每个模型都会用到修改器中的命令，修改器中的命令也是最全最多的常见的修改命令用户必须熟练掌握，其他的了解就可以了，下面详细介绍修改器。

4.2.1 修改命令面板

1. 修改命令面板的布局

通过上面的学习用户应该对修改命令面板有了一定的了解，接下来详细介绍修改命令面板。修改命令面板的图标是 ，右图所示是对修改命令面板的简单分析。

锁定堆栈 ：对物体进行修改时，选择哪个物体，在堆栈中就会显示哪个物体的修改内容，当激活此项时，会把当前物体的堆栈内容固定在堆栈表内不做改变。

显示最终结果开关 ：用于观察对象修改器的最终结果。

使独立 ：作用于实例化存在的物体，取消其间的关系。

移出修改器 ：删除当前修改器，消除其引起的更改。

配置修改器 ：单击此项会弹出修改器分类列表。

2. 修改器堆栈的基本操作

修改器堆栈是记录建模操作的重要存储区域。用户可以使用多种方式来编辑一个对象，但是不管使用哪种方式，对对象所做的每一步操作都会记录储存在堆栈中，因而可以返回以前的操作，继续修改对象。

3. 修改器堆栈的基本使用

利用修改器堆栈可以方便地查看以前的修改操作。修改器遵循向上叠加的原理，后加上去的修改器将会叠加到原有修改器的上面。

下图中为一个圆柱体上堆栈了两个修改器，用户可以任意选择修改器堆栈中的修改器，查看并修改物体参数。也可以按住鼠标左键不动，在修改器堆栈中拖移改变修改器的顺序。不同的修改器堆栈顺序，对物体的影响将会有所不同。

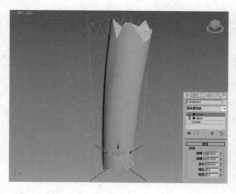
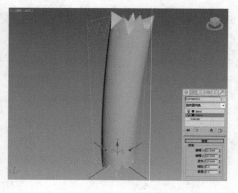

4. 塌陷修改器堆栈

3ds Max中每一个修改器的使用都要占用一定的内存。在确定一个对象不再需要修改后，就可将修改器塌陷以释放部分内存。在堆栈栏中单击鼠标右键并选择"塌陷全部"或"塌陷到"命令即可将修改器塌陷。

4.2.2 配置修改器

在为模型添加修改器时，有时会因为修改器列表中的命令太多而一时半会儿找不需要的修改命令，那么有没有一种快捷的方式，可以将平时常用的修改命令存储起来，在用的时候可以快捷找到呢？在这里，3ds Max 2016提供了可以自己建立修改命令面板的功能，它是通过"配置修改器集"对话框来实现的。通过该对话框，用户可以在一个对象的修改器堆栈内复制、剪切和粘贴修改器，或将修改器粘贴到其他对象堆栈中，还可以给修改器取一个新名字以便记住编辑的修改器。

步骤01 单击命令面板中的"修改"按钮，再单击"配置修改器"按钮，在弹出的下拉菜单中选择"显示按钮"命令，如下左图所示。

步骤02 此时在"修改"命令面板中出现了一个默认的命令面板，如下右图所示。

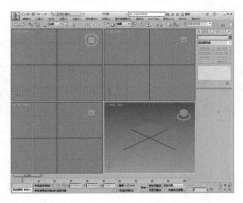

知识链接 修改命令面板

这个"修改"命令面板是系统默认的一些命令，其使用频率较小。下面将对常用的"修改"命令设置为一个面板，如挤出、车削、倒角、弯曲、锥化、晶格、编辑网格、FFD长方体等命令。

步骤03 单击"配置修改器集"按钮，在弹出的下拉菜单中选择所需要的命令，然后将其拖曳到右面的按钮上，如下左图所示。

步骤04 用同样的方法将所需要的命令拖过去，按钮的个数也可以设置，设置完成后可以将这个命令面板保存起来，如下右图所示。

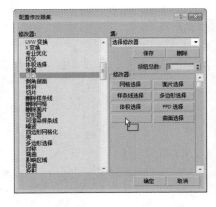
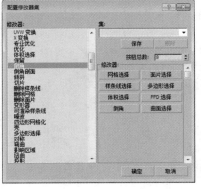

这样，"修改"命令面板就建立好了，用户操作时就可以直接单击"修改"命令面板上的相应命令。一个专业的设计师或绘图员，都是设置一个自己常用的命令面板，这样会直观、方便地找到所需要的修改命令，而不需要到"修改器"中寻找了。

进阶案例 **制作魔法书本模型**

本案例中将利用前面小节中学习的修改器知识以及样条线知识来制作一个魔法书本模型，通过训练可以深入了解这几种常用修改器的操作。

01 单击"矩形"按钮，在前视图中绘制一个190×40的矩形，如下图所示。

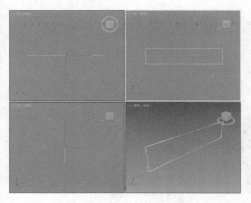

02 将矩形转换为可编辑样条线，进入"顶点"子层级，选择如下图所示的顶点。

03 单击调整Bezier角点的控制柄改变样条线形状，如下左图所示。

04 退出子层级选择，复制样条线，如下右图所示。

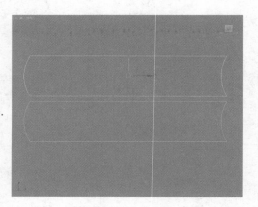

05 选择下方的样条线并为其添加"挤出"修改器，设置挤出值为250，如下图所示。

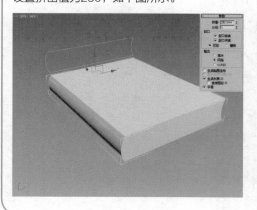

06 再选择上方样条线，进入"线段"子层级，删除如下图所示的线段。

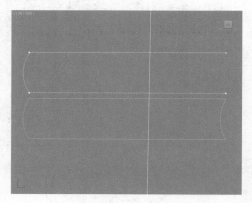

07 进入"样条线"子层级，在"几何体"卷展栏中设置轮廓值为"-5"，效果如下图所示。

08 进入"顶点"子层级，然后选择如下图所示的顶点。

09 单击"圆角"按钮，对顶点进行圆角操作，效果如下图所示。

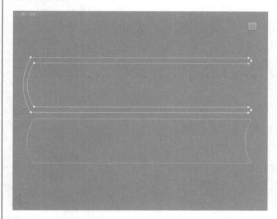

10 再调整顶点位置，如下图所示。

11 为图形添加"倒角"修改器，在"倒角值"卷展栏中设置参数，如下图所示。

12 调整模型的位置，再调整模型的颜色，完成魔法书本模型的制作，如下图所示。

4.2.3 车削修改器

"车削"修改器是对线进行旋转进而生成三维模型的命令，通过车削修改器可以得到表面平滑的对象，常用来建立如高脚杯、装饰柱、花瓶以及一些轴对称的旋转体模型。旋转的角度可以是0~360°间的任何数值。

如右图所示的"参数"卷展栏中各选项含义介绍如下。

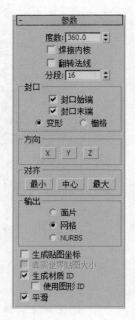

- 度数：设置旋转成型的角度，360°为一个完整的环形，小于360°为不完整的扇形。
- 焊接内核：将中心轴向上重合的点进行焊接精简，以得到结构相对简单的模型，如果要作为变形物体，不能将此项选中。
- 翻转法线：将模型表面的法线方向反向。
- 分段：设置旋转圆周上的片段划分数，值越高，模型越平滑。
- 变形：不进行面的精简计算，不能用于变形动画的制作。
- 栅格：进行面的精简计算，不能用于变形动画的制作。
- X、Y、Z：单击不同的轴向得到不同的效果。
- 最小：将曲面内边界与中心轴对齐。
- 中心：将曲线中心与中心轴对齐。
- 最大：将曲线外边界与中心轴对齐。
- 面片：将旋转成型的物体转换为面片模型。
- 网格：将旋转成型的物体转换为网格模型。
- NURBS：将旋转成型的物体转换为NURBS曲面模型。

4.2.4 噪波修改器

"噪波"修改器是沿着三个轴的任意组合调整对象顶点的位置，是模拟对象形状随机变化的重要动画工具。如右图所示的"参数"卷展栏中各选项含义介绍如下。

- 噪波：控制噪波的出现，以及由此引起的在对象的物理变形上的影响。
- 种子：从设置的数中生成一个随机起始点。在创建地形时尤其有用，因为每种设置都可以生成不同的配置。
- 比例：设置噪波影响的大小。
- 分形：根据当前设置产生分形效果。
- 粗糙度：决定分形变化的程度。
- 迭代次数：控制分形功能所使用的迭代的数目。
- 强度：控制噪波效果的大小。只有应用了强度后噪波才会起作用。
- 动画：通过为噪波图案叠加一个要遵循的正弦波形，控制噪波效果的形状。
- 动画噪波：调节噪波和强度参数的组合效果。
- 频率：设置正弦波的周期。
- 相位：移动基本波形的开始和结束点。

使用分形设置，可以得到随机的涟漪图案，也可以从平面几何体中创建多山地形。将"噪波"修改器应用到任意对象类型上，它会更改形状以帮助用户更直观地理解更改参数设置所带来的影响，如下图所示。

未应用噪波的平面

向平面添加纹理以创建平静的海面

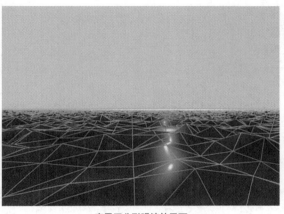

应用了分形噪波的平面

对含有纹理的平面使用噪波创建一个暴风骤雨的海面

4.2.5 细化修改器

"细化"修改器会对当前选择的曲面进行细分，它在渲染曲面时特别有用，并为其他修改器创建附加的网格分辨率。如果子对象选择拒绝了堆栈，那么整个对象会被细化。

"参数"卷展栏如右图所示，其中各选项含义如下。

- 面：将选择作为三角形面集来处理。
- 多边形：拆分多边形面。
- 边：从面或多边形的中心到每条边的中心点进行细分。应用于三角面时，也会将与选中曲面共享边的非选中曲面进行细分。
- 面中心：从面或多边形的中心到角顶点进行细分。
- 张力：决定新面在经过边细分后是平面、凹面还是凸面。
- 迭代次数：应用细分的次数。

进阶案例 制作石头模型

　　标准基本体在建模中扮演着相当重要的角色，接下来将带领用户创建一个茶几和一些茶具这样的小场景，以感受一下标准基本体创建及其他工具命令的运用。

01 在标准基本体创建命令面板中单击"球体"按钮，创建一个球体，设置半径为100、分段数为8，效果如下图所示。

02 为球体添加"噪波"修改器，在"参数"卷展栏中设置X、Y、Z轴上的强度值，如下图所示。

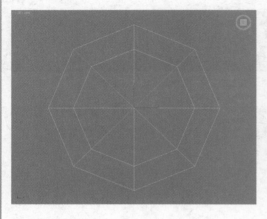

03 设置后的模型效果如下图所示。

04 为模型添加"细化"修改器，对模型表面进行细化，如下图所示。

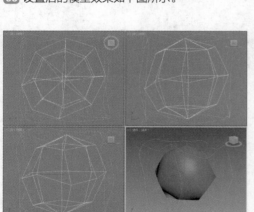

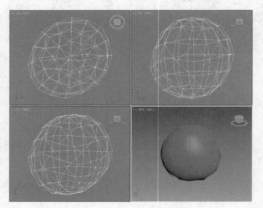

05 再次添加"噪波"修改器，勾选"分形"复选框，设置粗糙度及迭代次数，再设置X、Y、Z轴上的强度值，如右图所示。

06 添加"噪波"修改器后的效果如右图所示。

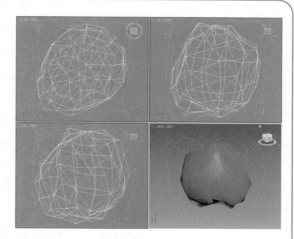

07 再次添加"细分"修改器,效果如右图所示。

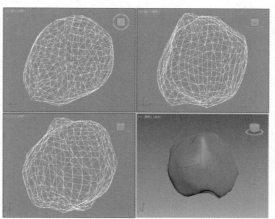

4.2.6 锥化修改器

"锥化"修改器主要用于对对象进行锥化处理,通过缩放对象的两端产生锥形轮廓,同时可以加入光滑的曲线轮廓。通过调节锥化的倾斜度、曲线轮廓的曲度,还能产生局部锥化效果。

"参数"卷展栏如右图所示,其中各选项含义如下。

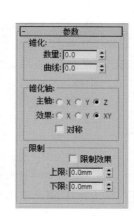

- 数量:缩放扩展的末端。这个量是一个相对值,最大为10。
- 曲线:对锥化Gizmo的侧面应用曲率,因此影响锥化对象的图形。正值会沿着锥化侧面产生向外的曲线,负值产生向内的曲线。
- 主轴:锥化的中心轴或中心线。
- 效果:用于表示主轴上的锥化方向的轴或轴对,可用选项取决于主轴的选取。
- 对称:围绕主轴产生对称锥化。
- 限制效果:对锥化效果启用上下限。
- 上限:用世界单位从倾斜中心点设置上限边界,超出这一边界以外,倾斜将不再影响几何体。
- 下限:用世界单位从倾斜中心点设置下限边界,超出这一边界以外,倾斜将不再影响几何体。

4.2.7 扭曲修改器

"扭曲"修改器是指沿指定轴向扭曲对象表面的顶点，产生扭曲的表现效果。它允许限制对象的局部受到扭曲作用。

"参数"卷展栏如右图所示，其中各选项含义如下。

- 角度：确定围绕垂直轴扭曲的量。
- 偏移：使扭曲旋转在对象的任意末端聚团。
- 主轴：锥化的中心轴或中心线。
- 效果：用于表示主轴上的锥化方向的轴或轴对，可用选项取决于主轴的选取。
- 对称：围绕主轴产生对称锥化。
- 限制效果：对锥化效果启用上下限。
- 上限：用世界单位从倾斜中心点设置上限边界，超出这一边界以外，倾斜将不再影响几何体。

创建一个如下左图所示的模型，然后为模型添加"扭曲"修改器，设置角度及偏移值，即可看到模型的扭曲效果，如下右图所示。

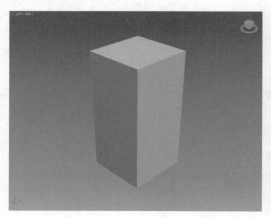
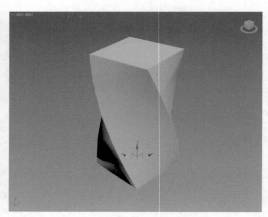

4.2.8 弯曲修改器

"弯曲"修改器可以让选中的对象围绕着 X、Y、Z 任意轴向产生均匀的弯曲变形。可以自如地控制几何体弯曲的角度和方向，也可以通过应用限制，对几何体中的任意一段进行限制弯曲。该修改器常用于制作软管、通道、植物或带有弯曲变形特性的物体。

"参数"卷展栏如右图所示，其中各选项含义如下。

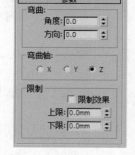

- 角度：设置可供对象弯曲的幅度。
- 方向：设置可供对象弯曲相对于水平面的方向。
- X/Y/Z：指定要弯曲的轴，默认设置为Z轴。
- 限制效果：限制约束应用于弯曲后的效果。
- 上限：用于控制从弯曲中心到物体顶部弯曲约束边界的范围值。超出此界限弯曲便不再作用于几何体。
- 下限：用于控制从弯曲中心到物体底部弯曲约束边界的范围值，超出此界限弯曲不再作用于几何体。

打开如下左图所示的素材模型，然后为模型添加"弯曲"修改器，设置角度值与方向值，弯曲效果如下右图所示。

4.3 NURBS曲线及建模

NURBS即统一非有理B样条曲线。这是完全不同于多边形模型的计算方法，这种方法以曲线来控制三维对象表面（而不是用网格），非常适合于复杂曲面对象的建筑。

NURBS曲线的位置："创建"命令面板 ＞ "图形" ＞ "NURBS曲线" NURBS 曲线 。

NURBS曲线从外观上来看与样条线相当类似，而且二者可以相互转换，但它们的数学模型却是大相径庭的。NURBS曲线控制起来比样条线更加简单，所形成的几何体表面也更加光滑。

NURBS曲线共分为"点曲线"和"CV曲线"两类，具体介绍如下表所示。

类型	说明
点曲线	以点来控制曲线的形状，节点位于曲线上
CV曲线	以CV控制点来控制曲线的形状，CV点不在曲线上，而在曲线的切线上

NURBS模型是由曲线和曲面组成的，NURBS建模也就是创建NURBS曲线和NURBS曲面的过程，使用它可以使以前实体建模难以达到的圆滑曲面的构建变得简单方便。NURBS造型系统由点、曲线和曲面3种元素构成，曲线和曲面又分为标准和CV型，创建它们既可以在创建命令面板内完成，也可以在一个NURBS造型内部完成。

NURBS曲面与NURBS曲线一样，都是通过多个曲面的组合形成最终要创建的造型，同NURBS曲线一样也有两种调节点。

另外在3ds Max中还有一种创建NURBS曲面的方法，创建一个几何体，将其转换为NURBS曲面，就可以利用NURBS工具箱对该对象进行编辑。在"常规"卷展栏中单击"NURBS创建工具箱"按钮 即可打开NURBS工具箱，如右图所示。

从图中可以看出NURBS工具箱包含3个部分：点、曲线、曲面。各编辑工具的作用介绍如下表所示。

NURBS编辑工具

▲创建点	创建一个独立自由的顶点
◦创建偏移点	在距离选定点一定的偏移位置创建一个顶点
◦创建曲线点	创建一个依附在曲线上的顶点
◦创建曲线-曲线点	在两条曲线交叉处创建一个顶点
◦创建曲面点	创建一个依附在曲面上的顶点
◙创建曲面-曲线点	在曲面和曲线的交叉处创建一个顶点
⦚创建CV曲线	创建可控曲线，与创建命令面板中的按钮功能相同
⦚创建点曲线	创建点曲线
⦚创建拟合曲线	即可以使一条曲线通过曲线的顶点、独立顶点，曲线的位置与顶点相关联
⦚创建变换曲线	创建一条曲线的备份，并使备份与原始曲线相关联
⦚创建混合曲线	在一条曲线的端点与另一条曲线的端点之间创建过渡曲线
⦚创建偏移曲线	创建一条曲线的备份，当拖动鼠标改变曲线与原始曲线之间的距离时，随着距离的改变，其大小也随之改变
⦚创建镜像曲线	创建镜像曲线
⦚创建切角曲线	创建倒角曲线
⦚创建圆角曲线	创建圆角曲线
⦚创建曲面-曲面相交曲线	创建曲面与曲面的交叉曲线
⦚创建U向等参曲线	偏移沿着曲面的法线方向，大小随着偏移量而改变
⦚创建V向等参曲线	在曲线上创建水平和垂直的ISO曲线
⦚创建法向投影曲线	以一条原始曲线为基础，在曲线所组成的曲面法线方向上向曲面投影
⦚创建向量投影曲线	它与创建标准投影曲线相似，只是投影方向不同，矢量投影是在曲面的法线方向上向曲面投影，而标准投影是在曲线所组成的曲面方向上向曲面投影
⦚创建曲面上的CV曲线	这与可控曲线非常相似，只是曲面上的可控曲线与曲面关联
⦚创建曲面上点曲线	创建曲面上的点曲线
⦚创建曲面偏移曲线	创建曲面上的偏移曲线
⦚创建曲面边曲线	创建曲面上的边曲线
⦚创建CV曲面	创建可控曲面
⦚创建点曲面	创建点曲面
⦚创建变换曲面	所创建的变换曲面是原始曲面的一个备份
⦚创建混合曲面	在两个曲面的边界之间创建一个光滑曲面
⦚创建偏移曲面	创建与原始曲面相关联且在原始曲面的法线方向上偏移指定距离的曲面
⦚创建镜像曲面	创建镜像曲面
⦚创建挤出曲面	将一条曲线拉伸为一个与曲线相关联的曲面
⦚创建车削曲面	即旋转一条曲线生成一个曲面
⦚创建规则曲面	在两条曲线之间创建一个曲面
⦚创建封口曲面	在一条封闭曲线上加上一个盖子
⦚创建U向放样曲面	在水平方向上创建一个横穿多条NURBS曲线的曲面，这些曲线会形成曲面水平轴上的轮廓
⦚创建UV放样曲面	创建水平垂直放样曲面，与水平放样曲面类似，不仅可以在水平方向上放置曲线，还可以在垂直方向上放置曲线，因此可以更精确地控制曲面的形状
⦚创建单轨扫描	这需要至少两条曲线，一条做路径，一条做曲面的交叉界面
⦚创建双轨扫描	这需要至少三条曲线，其中两条做路径，其他曲线作为曲面的交叉界面
⦚创建多边混合曲面	在两个或两个以上的边之间创建融合曲面
⦚创建多重曲线修剪曲面	在两个或两个以上的边之间创建剪切曲面
⦚创建圆角曲面	在两个交叉曲面结合的地方建立一个光滑的过渡曲面

4.4 可编辑对象

可编辑对象包括"可编辑样条线"、"可编辑多边形"、"可编辑网格"，这些可编辑对象都包含于修改器之中。这些命令在建模中是必不可少的，用户必须熟练掌握。下面对它们进行详细介绍。

4.4.1 可编辑样条线

我们前边的内容已经讲过了"样条线"，"可编辑样条线"和"样条线"的使用方法一样，"可编辑样条线"是可以将任意的线条转换为样条线，方便对其编辑。下面复习一下前面讲到的知识，同时也要增加一些新的知识。

随意在顶视图中画一条线，然后单击"修改"按钮，进入"修改"命令面板，在"修改器列表"下拉列表中选择"可编辑样条线"命令即可，下面对卷展栏中的参数进行介绍。

（1）可编辑样条线（公共参数，如右图所示）

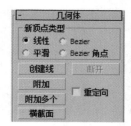

- 创建线：向所选对象添加更多样条线。这些线是独立的样条线子对象。
- 断开：将一个或多个顶点断开以拆分样条线。
- 附加：将其他样条线附加到当前选定的样条线对象中成为一个整体。
- 附加多个：以列表形式将场景中其他图形附加到样条线中。
- 横截面：将一个样条线与另一个样条线顶点连接以创建一个截面。

（2）可编辑样条线（顶点层级下）

- 自动焊接：自动焊接在与同一样条线的另一个端点的阈值距离内放置和移动的端点顶点。
- 阈值：阈值距离微调器是一个近似设置，用于控制在自动焊接顶点之前，顶点可以与另一个顶点接近的程度。默认设置为6.0。
- 焊接：将两个端点顶点或同一样条线中的两个相邻顶点转化为一个顶点。
- 连接：将样条线一个端顶点与另一个端顶点连接。
- 插入：插入一个或多个顶点，以创建其他线段。
- 设为首顶点：指定所选形状中的哪个顶点是第一个顶点。
- 熔合：将所有选定顶点移至它们的平均中心位置。"熔合"不会连接顶点，它只是将它们移至同一位置。
- 相交：在样条线相交处插入顶点。
- 圆角：允许用户在线段会合的地方设置圆角，添加新的控制点。
- 切角：允许用户使用"切角"功能设置形状角部的倒角。
- 隐藏：隐藏所选顶点和任何相连的线段。
- 全部取消隐藏：显示任何隐藏的子对象。
- 删除：删除所选的一个或多个顶点，以及与每个要删除的顶点相连的那条线段。

（3）可编辑样条线（线段层级下）

- 删除：删除当前形状中任何选定的线段。
- 拆分：将线段以顶点数来拆分。
- 分离：将线段分离。

知识链接 关于分离的深入介绍

同一图形：表示使分离的线段保留为形状的一部分（而不是生成一个新形状）。

重定向：表示将分离出的线段复制并重新定位，并使其与当前活动栅格的原点对齐。

复制：表示复制分离线段，而不是移动它。

（4）可编辑样条线（样条线层级下）

- 反转：反转所选样条线的方向。如果样条线是开口的，第一个顶点将切换为该样条线的另一端。
- 轮廓：将样条线偏移以生成轮廓，如果样条线是单根，则生成的轮廓是闭合的。
- 布尔：将一个样条线与第二个样条线进行布尔操作，将两个闭合多边形组合在一起。

知识链接 **关于布尔的介绍**

并集：表示将两个重叠样条线组合成一个样条线，重叠的部分被删除。

差集：表示从第一个样条线中减去与第二个样条线重叠的部分，并删除第二个样条线中剩余的部分。

相交：表示取两个样条线的重叠部分。

- 镜像：沿长、宽或对角方向镜像样条线。

知识链接 **关于镜像的介绍**

复制：表示选择后，在镜像样条线时复制（而不是移动）样条线。

以轴为中心：表示以样条线的轴点为中心镜像样条线。禁用后，以它的几何体中心为中心镜像样条线。

- 修剪：将样条线相交重叠部分修剪，使端点接合在一个点上。
- 延伸：将开口的样条线末端延伸到与之相交的另一条样条线上，如果没有相交样条线，则不进行任何处理。
- 关闭：将所选样条线的端点顶点与新线段相连，来闭合该样条线。
- 炸开：将每个线段转化为一个独立的样条线或对象。这与对样条线的线段使用"分离"的效果相同，但更节约时间。

4.4.2 可编辑多边形

可编辑多边形是后来发展起来的一种多边形建模技术，多边形物体也是一种网格物体，面板中的参数和"编辑网格"参数接近，但很多地方超过了"编辑网格"，使用可编辑多边形建模更方便。

多边形建模是由点构成边，由边构成多边形，通过多边形组合就可以制作成用户所要求的造型。如果模型中所有的面都至少与其他3个面共享一条边，该模型就是闭合的。如果模型中包含不与其他面共享边的面，则该模型是开放的。下面对可编辑多边形知识进行介绍。

1. 将对象转换为多边形对象的方法

- 右击物体或右击修改堆栈，选择"转换为可编辑多边形"命令。
- 添加"编辑多边形"修改器。

2. 子物体

- 顶点：最小的子物体单元，它的变动将直接影响与之相连的网格线，进而影响整个物体的表面形态。
- 边：三维物体上关键位置上的边是很重要的子物体元素。
- 边界：是一些比较特殊的边，是指独立非闭合曲面的边缘或删除多边形产生的孔洞边缘；边框总是由仅在一侧带有面的边组成，并总是为完整循环。
- 多边形：是由三条或多条首尾相连的边构成的最小单位的曲面。在"可编辑多边形"中多边形物体可以是三角、四边网格，也可以是更多边的网格，这一点与"可编辑网格"不同。
- 元素：可编辑多边形中每个独立的曲面。

知识链接 **关于边界的介绍**

通过编辑边界命令可在开放表面的缺口处进行编辑造型，但是不能单击边框中的边，因为单击边框中的一个边会选择整个边框；也可以在"编辑多边形"中，通过应用补洞修改器将边框封口；还可用连接复合对象命令连接对象之间的边界。

3. 常用参数介绍

（1）"编辑多边形"卷展栏：子对象为"多边形"时，出现"编辑多边形"卷展栏。

● 模型：使用"编辑多边形"功能建模。在"模型"模式下，不能设置操作的动画。

● 动画：使用"编辑多边形"功能设置动画。

（2）"选择"卷展栏：设置可编辑多边形子对象的选择方式。

● 使用堆栈选择：启用时，自动使用在堆栈中向上传递的任何现有子对象选择，并禁止手动更改选择。

● 按角度：启用时，如果选择一个多边形，会基于复选框右侧的角度设置选择相邻多边形。此值确定将选择的相邻多边形之间的最大角度。仅在"多边形"子对象层级可用。

● 收缩：取消选择最外部的子对象，对当前子物体的选择集进行收缩以减小选择区域。

● 扩大：对当前子物体的选择集向外围扩展以增大选择区域（对于此功能，边框被认为是边选择）。

● 环形：选择与选定边平行的所有边（仅适用于边和边框）。

● 循环：选择与选定边方向一致且相连的所有边（仅适用于边和边框，并只通过四个方向的交点传播）。

（3）"编辑顶点"卷展栏：子对象为"顶点"时，出现"编辑顶点"卷展栏，可对选中的顶点进行编辑。

● 移除：将所选择的节点去除（快捷键Backspace）。

知识链接 "移除"与Delete的区别

"移除"与Delete不同：Delete是删除所选点的同时删除点所在的面；"移除"不会删除点所在的面，但可能会对物体的外形产生影响（可能导致网格形状变化并生成非平面的多边形）。

● 断开：在选择点的位置创建更多的顶点，每个多边形在选择点的位置有独立的顶点。

● 挤出：对选择的点进行挤出操作，移动鼠标时创建出新的多边形表面。

● 切角：将选取的顶点切角。

● 焊接：对"焊接"对话框中指定范围之内连续、选中的顶点，进行合并。所有边都会与产生的单个顶点连接。

● 目标焊接：选择一个顶点，将它焊接到目标顶点。

● 连接：在选中的顶点对之间创建新的边。

● 移除孤立顶点：将所有孤立点去除。

● 移除未使用的贴图顶点：将不能用于贴图的顶点去除。

● 重复上一个：重复最近使用的命令。

● 创建：可将顶点添加到单个选定的多边形对象上。

● 塌陷：将选定的连续顶点组进行塌陷，将它们焊接为选择中心的单个顶点。

（4）"编辑边"卷展栏：子对象为"边"时，出现"编辑边"卷展栏。

● 分割：沿选择的边将网格分离。

● 插入顶点：在可见边上插入点将边进行细分。

● 创建图形：根据选择一条或多条边创建新的曲线。

● 编辑三角剖分：四边形内部边重新划分。

● 连接：在每对选定边之间创建新边。只能连接同一多边形上的边。不会让新的边交叉。（例如选择四边形四个边进行连接，则只连接相邻边，生成菱形图案）。

● 旋转：通过单击对角线修改多边形细分为三角形的方式，在指定时间，每条对角线只有两个可用的位置。连续单击某条对角线两次时，可恢复到原始的位置处。通过更改临近对角线的位置，会为对角线提供另一个不同位置。

● 切割和切片：使用这些类似小刀的工具，可以沿着平面（切片）或在特定区域（切割）内细分多边形网格。

- 网格平滑：与"网格平滑"修改器中的划分功能相似。

（5）"编辑边界"卷展栏：子对象为"边界"时，出现"编辑边界"卷展栏。

- 封口：使用单个多边形封住整个边界环。
- 桥：使用多边形的"桥"连接对象的两个边界。

（6）"编辑多边形"卷展栏：子对象为"多边形"时，出现"编辑多边形"卷展栏。

- 挤出：适用于点、边、边框、多边形等子物体直接在视口中操纵时，可以执行手动挤出操作；单击"挤出"后的按钮，精确设置挤出选定多个多边形时，如果拖动任何一个多边形，将会均匀地挤出所有的选定多边形。
- 轮廓：用于增加或减小选定多边形的外边。执行挤出或倒角，可用"轮廓"调整挤出面的大小。
- 倒角：对选择的多边形进行挤压或轮廓处理。
- 翻转：反转多边形的法线方向。

（7）"编辑几何体"卷展栏：提供了许多编辑可编辑多边形的工具。只有当子物体为顶点、边或边界时，才能使用"切片平面"和"快速切片"进行切片处理。

（8）"多边形属性"卷展栏：设置选中多边形或元素使用的材质ID和平滑组号。

（9）"细分曲面"卷展栏：设置可编辑多边形使用的平滑方式和平滑效果。

（10）"软选择"卷展栏：控制当前子对象对周围子对象的影响程度。

（11）"绘制变形"卷展栏：对象层级可影响选定对象中的所有顶点，子对象层级仅影响选定顶点。

4.4.3 可编辑网格

"可编辑网格"与"可编辑多边形"有些相似，但是它具有好多"可编辑多边形"不具有的命令与功能。

创建了几何模型后，如需对几何物体进行细节的修改和调整处理，就必须对几何物体进行编辑，才能生成所需要的复杂形体。几何物体模型的结构是由点、线和面三要素构成的，点确定线，线组成面，面构成物体。要对物体进行编辑，必须将几何物体转换为由可编辑的点、线、面组成的网格物体。通常将可编辑的点、线、面称为网格物体的次对象。

1. 认识可编辑网格

一个网格模型由点、线、面、元素等组成。"编辑网格"包括许多工具，可对物体的各组成部分进行修改。

四种功能：转换（将其他类型的物体转换为网格体）、编辑（编辑物体的各元素）、表面编辑（设置材质ID、平滑群组）、选择集（将"编辑网格"工具设在选择集上，将次选择集传送到上层修改）。

2. 将模型转换为可编辑网格的方法

方法1：将对象转换为可编辑网格。右击物体，选择"转换为可编辑网格"命令，失去建立历史和修改堆栈，面板同"编辑网格"。

方法2：使用编辑网格修改器。在修改器列表中选择"编辑网格"命令，可进行各种次物体修改，不会失去底层修改历史。

"编辑网格"命令与"可编辑网格"对象的所有功能相匹配，只是不能在"编辑网格"设置子对象动画；为物体添加"编辑网格"修改器后，物体创建时的参数仍然保留，可在修改器中修改它的参数；而将其塌陷成可编辑网格后，对象的修改器堆栈将被塌陷，即在此之前对象的创建参数和使用的其他修改器将不再存在，直接转变为最后的操作结果。

3. 修改模式

（1）顶点：物体最基本的层级，移动时会影响它所在的面。

（2）边：连接两个节点的可见或不可见的一条线，是面的基本层级，两个面可共享一条边。

（3）面：由3条边构成的三角形面。

（4）多边形：由4条边构成的面。

（5）元素：网格物体中以组为单位的连续的面构成元素。是一个物体内部的一组面，它的分割依据来源于是否有点或边相连。独立的一组面，即可作为元素。

知识链接 **子物体层级的选择方法**

方法1：添加"可编辑网格"修改器，在修改器堆栈中单击"编辑网格"前面的+号，选取相应的子物体名称，子物体将以黄色高亮显示。

方法2：添加"可编辑网格"修改器后，在"选择"卷展栏中单击相应的按钮进入相应的子物体选择方式。

方法3：添加"网格选择"修改器或"体积选择"修改器。

进阶案例 **创建餐桌餐椅模型**

通过对本章内容的学习，用户对建模不再那么陌生了，下面将综合应用前面的知识创建一套动画场景中常见的餐桌餐椅模型。

01 单击"创建>几何体>长方体"按钮，在前视图中创建一个尺寸为500×400×100、分段为2×2×1的长方体，作为椅子的靠背，如下图所示。

02 确认长方体处于选择状态，在视图中单击鼠标右键，在弹出的快捷菜单中选择"转换为>转换为可编辑多边形"命令，将长方体转换为可编辑多边形，如下图所示。

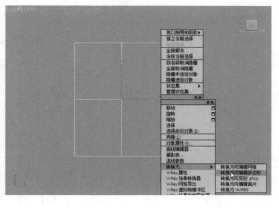

03 按"4"键，进入"多边形"子物体层级，在透视视图中选择侧面的两个面，如下图所示。

04 接着单击"挤出"右面的按钮，弹出数值框，设置"挤出高度"为50，使选择的面挤出，效果如下图所示。

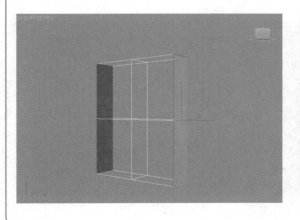

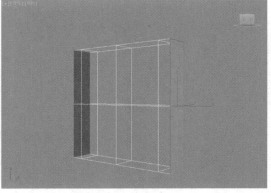

05 用同样的方法将椅子靠背的上下面挤出，效果如下图所示。

06 为了使椅子靠背的下方增加分段数，要挤出两次，第二次挤出的值要大些，约在80~100之间即可，它是决定椅子底座厚度的数值，如下图所示。

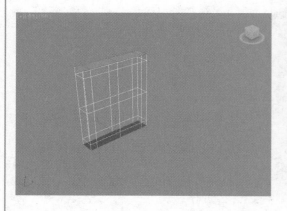

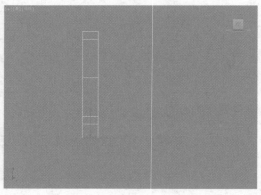

07 在透视视图中选择底部侧面的面进行挤出，第一次"50"，第二次"500"，第三次"50"，如下图所示。至此，椅子靠背及坐垫基本上完成了，下面对它们进行圆滑操作。

08 在修改面板中勾选"细分曲面"卷展栏下的"使用NURMS细分"选项，修改"迭代次数"值为1，效果如下图所示。

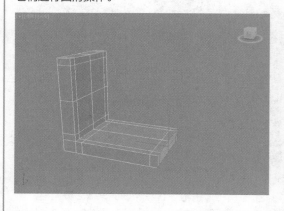

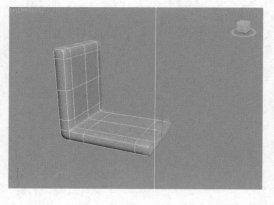

09 按"1"键，进入"顶点"子物体层级，在前视图中选择椅子靠背中间的顶点，用移动和缩放工具调整椅子的形态，如下图所示。

10 在修改面板中激活"多边形"子物体层级，在左视图中选择椅子座下面的面，按Delete键，删除底面的面，如下图所示。

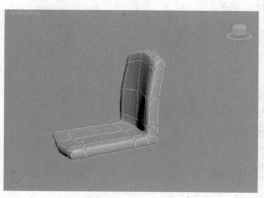

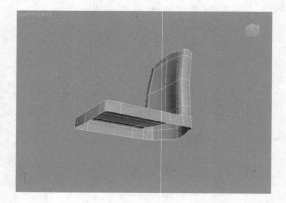

下面将继续来制作椅子腿的造型。

11 在顶视图中创建一个50×50×50的长方体，分段数分别设置为1，然后将长方体转换为可编辑多边形，如下图所示。

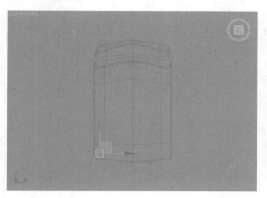

12 按 "4" 键，进入 "多边形" 子物体层级，在透视视图中选择下面的面，如下图所示。

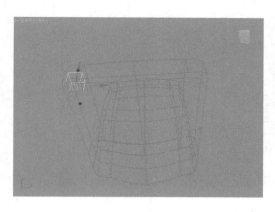

13 单击 "倒角" 右面的按钮，打开数值框，设置 "高度" 为50、"轮廓数量" 为 –1，连续单击 "加号" 按钮 10 次，调整好位置，如下图所示。

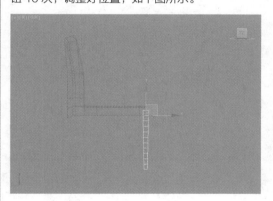

14 在修改器列表中选择 "弯曲" 命令，设置 "角度" 为12、"方向" 为150，效果如下图所示。

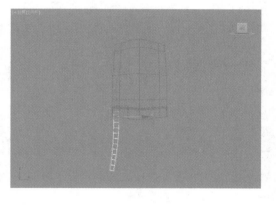

15 用工具栏中的镜像命令将其他的3条腿制作出来，效果如下图所示。至此，餐椅的造型已经制作出来了，下面制作餐桌的造型。

16 在顶视图中创建一个 800×1600×40 的长方体，分段数设置为 3×3×1，将其作为餐桌，如下图所示。

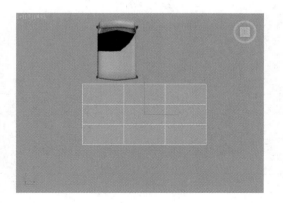

17 将长方体转换为可编辑多边形，按"1"键，进入"顶点"子物体层级，在顶视图中调整顶点的位置，如下图所示。

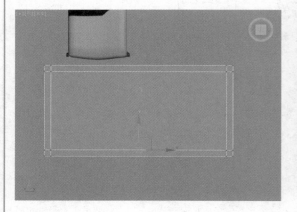

18 进入"多边形"子物体层级，在透视视图中选择下面四个角的面，执行"挤出"命令，设置数量为660，效果如下图所示。

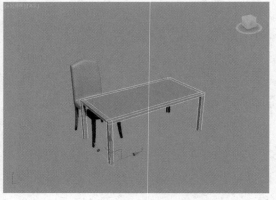

19 餐桌上的布用线绘制出截面，如下图所示。

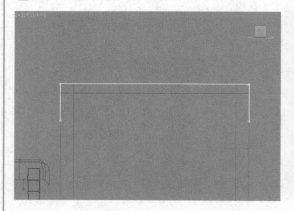

20 执行"挤出"命令，数量为300，如下图所示。

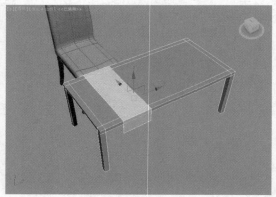

21 用复制和镜像命令制作出另外的五把餐椅，将餐椅成一个组，效果如下图所示。

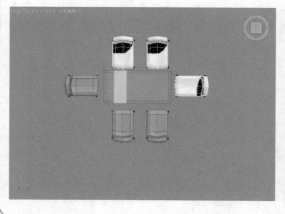

22 至此，完成餐桌餐椅模型的创建，最终效果如下图所示。

课后练习

一、选择题

1. 下列（　　）项不属于选择修改器类型。

A. 多边形选择　　　　　　　　　　　　B. 面片变形

C. 样条线选择　　　　　　　　　　　　D. 网格选择

2. 下列（　　）项不属于世界空间修改器类型。

A. 点缓存　　　　　　　　　　　　　　B. 置换网格

C. 面片选择　　　　　　　　　　　　　D. 曲面贴图

3. 下列选项中关于挤出修改器参数的描述不正确的是（　　）。

A. 数量用于设置挤出厚度上片段划分数

B. 封口始端用于在顶端加面封盖物体

C. 封口末端用于在底端加面封盖物体

D. 变形用于变形动画的制作，保证点面数恒定不变

4. 车削修改器的旋转角度范围可以是（　　）。

A. 0~90　　　　　　　　　　　　　　B. 0~180

C. 0~360　　　　　　　　　　　　　　D. 0~720

二、填空题

1. 样条线共有_____种类型。

2. 编辑修改器产生的结果与_____相关。

3. 扭曲修改器沿指定轴向扭曲_____，产生扭曲的表现效果。

4. 噪波的作用是_____，_____。

5. 编辑样条曲线的过程中，只有进入了_____次物体级别，才可以使用轮廓线命令。若要将生成的轮廓线与原曲线拆分为两个二维图形，应使用_____命令。

三、操作题

用户课后可以综合运用多种建模方法创建双人床模型和大桥模型，参考效果如下图所示。

Chapter

05

材质与贴图

材质是描述对象如何反射或透射灯光的属性，在材质中，贴图可以模拟纹理、反射、折射和其他效果。本章将对材质编辑器、材质的类型、贴图的知识进行深入介绍，以使读者掌握其设置方法。

知识要点

① 标准材质
② VRay材质
③ 常用贴图

上机安排

学习内容	学习时间
● VRay材质的制作	30分钟
● 制作红宝石项链材质	20分钟
● 制作发光字效果	20分钟
● 制作游戏金币效果	20分钟
● 制作边纹理效果	20分钟

5.1 常用标准材质

3ds Max 2016的标准材质共计15种。分别是Ink'n Paint、光线跟踪、双面、变形器、合成、壳材质、外部参照材质、多维/子对象、建筑、无光/投影、标准、混合、虫漆、顶/底和高级照明覆盖，如下右图所示。

各种材质简单介绍如下：

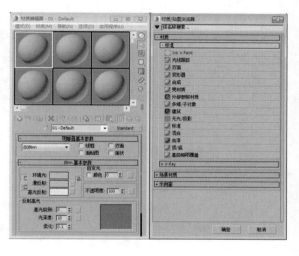

- Ink'n Paint：通常用于制作卡通效果。
- 光线跟踪：可以创建真实的反射反射和折射效果，支持雾、颜色浓度、半透明和荧光等效果。
- 双面：可以为物体内外或正反表面分别指定两种不同的材质，如纸牌和杯子等。
- 变形器：配合"变形器"修改器一起使用，能够产生材质融合的变形动画效果。
- 合成：将多个不同材质叠加在一起，常制作动物和人体皮肤、生锈的金属、岩石等材质。
- 壳材质：配合"渲染到贴图"一起使用，可将"渲染到贴图"命令产生的贴图贴回物体。
- 外部参照材质：参考外部对象或参考场景相关运用资料。
- 多维/子材质：将多个子材质应用到单个对象的子对象。
- 建筑：主要用于表现建筑外观的材质。
- 无光/投影：主要作用是隐藏场景中的物体，渲染时也观察不到，不会对背景进行遮挡，但可遮挡其他物体，并且能产生自身投影和接受投影的效果。
- 标准：系统默认的材质，是最常用的材质。
- 混合：将两个不同的材质融合在一起，根据融合度的不同来控制两种材质的显示程度。
- 虫漆：用来控制两种材质混合的数量比例。
- 顶/底：为一个物体指定顶端和底端的材质，中间交互处可以产生过渡效果。
- 高级照明覆盖：配合光能传递使用的一种材质，能控制光能传递和物体之间的反射比。

5.2 VRay材质

VRay材质是3ds Max中应用最为广泛的材质类型，其功能强大，表现效果细腻真实，具有其他材质难以达到的效果。VRay材质常与3ds Max自带贴图结合使用，而VR贴图类的使用较少。

VRay材质类型非常的多，共包括19种。常用类型有VRayMtl材质、VR-灯光材质等。在材质编辑器中单击"Standard"按钮，在弹出的"材质/贴图浏览器"中展开"V-Ray"卷展栏，如右图所示。

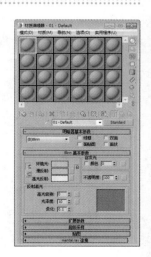

- VR-Mat-材质：该材质可以控制材质编辑器。
- VR-凹凸材质：该材质可以控制材质凹凸。
- VR-快速SSS2：可以制作半透明的SSS物体材质效果，如皮肤。
- VR-散布体积：该材质主要用于散布体积的材质效果。
- VR-材质包裹器：该材质可以有效避免色溢现象。

- VR-模拟有机材质：该材质可以呈现出V-Ray程序的DarkTree着色器效果。
- VR-毛发材质：主要用于渲染头发和皮毛的材质。
- VR-混合材质：常用来制作两种材质混合在一起的效果，比如带有花纹的玻璃。
- VR-灯光材质：可以制作发光物体的材质效果。
- VR-点粒子材质：该材质主要用于制作点粒子的材质效果。
- VR-矢量置换烘焙：可以制作矢量的材质效果。
- VR-蒙皮材质：该材质可以制作蒙皮的材质效果。
- VR-覆盖材质：该材质可以让用户更广泛地控制场景的色彩融合、反射、折射等。
- VR-车漆材质：主要用来模拟金属汽车漆的材质。
- VR-雪花材质：该材质可以模拟制作雪花的材质效果。
- VRay2SidedMtl：可以模拟带有双面属性的材质效果。
- VRayGLSLMtl：可以用来加载GLSL着色器。
- VRayMtl：VRayMtl材质是使用范围最为广泛的一种材质，常用于制作室内外效果图。其中制作反射和折射的材质非常出色。
- VRayOSLMtl：可以控制着色语言的材质效果。

5.2.1 VRayMtl材质

VRayMtl材质是目前应用最为广泛的材质类型，该材质可以模拟超级真实的反射和折射等效果，因此深受用户喜爱。该材质也是本章最为重要的知识点，需要读者熟练掌握。

展开"基本参数"卷展栏，如下右图所示。基本参数介绍如下：

1. 漫反射

- 漫反射：控制材质的固有色。
- 粗糙度：数值越大，粗糙效果越明显，可以用该选项来模拟绒布的效果。

2. 反射

- 反射：反射颜色控制反射强度，颜色越深反射越弱，颜色越浅反射越强。
- 高光光泽度：控制材质的高光大小，默认情况下和反射光泽度一起关联控制，可以通过单击旁边的"锁"按钮来解除锁定，从而可以单独调整高光的大小。
- 反射光泽度：该选项可以产生反射模糊的效果，数值越小反射模糊效果越强烈。
- 细分：用来控制反射的品质，数值越大效果越好，但渲染速度越慢。
- 使用插值：当勾选该参数时，VRay能够使用类似于发光贴图的缓存方式来加快反射模糊的计算。
- 暗淡距离：该选项用来控制暗淡距离的数值。
- 影响通道：该选项用来控制是否影响通道。
- 菲涅尔反射：勾选该项后，反射强度减小。

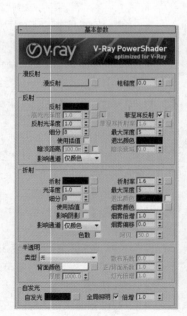

- 菲涅尔折射率：在菲涅尔反射中，菲涅尔现象的强弱衰减率可以用该选项来调节。
- 最大深度：是指反射的次数，数值越高小效果越真实，但渲染时间也越长。
- 退出颜色：当物体的反射次数达到最大次数时就会停止计算反射，这是由于反射次数不够造成的，反射区域的颜色就用退出色来代替。
- 暗淡衰减：该选项用来控制暗淡衰减的数值。

3. 折射

- 折射：折射颜色控制折射的强度，颜色越深折射越弱，颜色越浅折射越强。
- 光泽度：控制折射的模糊效果。数值越小，模糊程度越明显。
- 细分：控制折射的精细程度。
- 使用插值：当勾选该选项时，VRay能够使用类似发光贴图的缓存方式来加快光泽度的计算。
- 影响阴影：这个选项是用来控制透明物体产生的阴影。
- 影响通道：该选项控制是否影响通道效果。
- 色散：该选项控制是否使用色散。
- 折射率：设置物体的折射率。
- 最大深度：该选项控制反射的最大深度数值。
- 退出颜色：该选项控制退出的颜色。
- 烟雾颜色：该选项控制折射物体的颜色。
- 烟雾倍增：可以理解为烟雾的浓度。数值越大雾越浓，光线穿透物体的能力越差。
- 烟雾偏移：控制烟雾的偏移，较低的值会使烟雾向摄影机的方向偏移。

4. 半透明

- 类型：半透明效果的类型有三种，包括"硬（蜡）模型"、"软（水）模型"和"混合模型"。
- 背面颜色：用来控制半透明效果的颜色。
- 厚度：用来控制光线在物体内部被追踪的深度，也可以理解为光线的最大穿透能力。
- 散射系数：物体内部的散射总量。
- 前/后分配比：控制光线在物体内部的散射方向。
- 灯光倍增：设置光线穿透能力的倍增值。值越大，散射效果越强。

5. 自发光

- 自发光：该选项控制发光的颜色。
- 全局照明：该选项控制是否开启全局照明。
- 倍增：该选项控制自发光的强度。

进阶案例 **红宝石项链材质的制作**

　　黄金材质在设计中用到的机会比较少，多用于装饰品上；该材质有较亮的光泽和一定的反射，非常有质感。红宝石的颜色强度就像是燃烧的焦炭，通常为透明至半透明，在光线的照射下会反射出迷人的六射星光或十二射星光；该材质的运用较少，但效果优美。下面介绍红宝石项链材质的制作过程。

01 按M键打开材质编辑器，选择一个空白材质球，设置为VRayMtl材质类型，设置漫反射颜色与反射颜色，再设置反射参数，如下图所示。

02 漫反射颜色及反射颜色设置如下图所示。

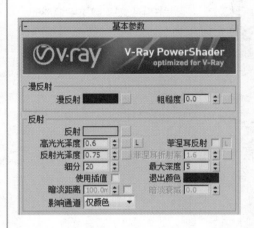

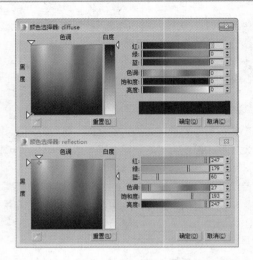

03 设置好的黄金材质球效果如下图所示。

04 选择一个空白材质球，设置为VRayMtl材质类型，设置漫反射颜色与反射颜色，再设置反射参数，如下图所示。

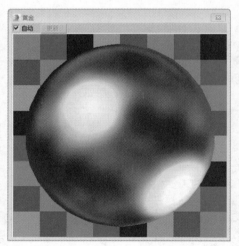

05 漫反射颜色及反射颜色参数设置如下图所示。

06 设置折射颜色及烟雾颜色，再设置折射参数，如下图所示。

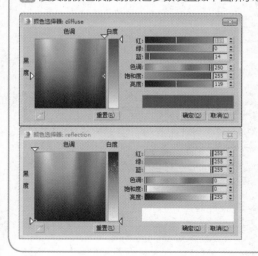

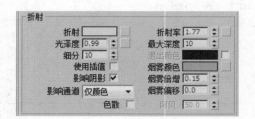

07 折射颜色及烟雾颜色参数设置如下图所示。

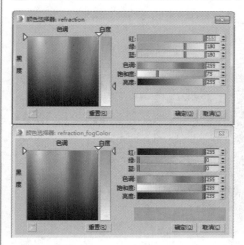

08 设置好的红宝石材质球效果如下图所示。

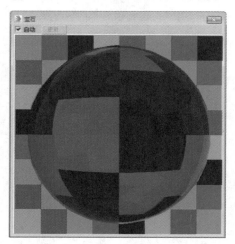

09 将材质分别指定给项链模型，渲染效果如右图所示。

5.2.2 VR-灯光材质

VR-灯光材质可以模拟物体发光发亮的效果，常用来制作顶棚灯带、霓虹灯、火焰等材质。VR-灯光材质的"参数"卷展栏如右图所示，其中的基本参数介绍如下。

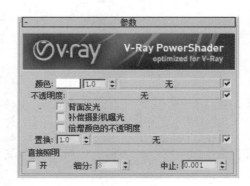

- 颜色：控制自发光的颜色，后面的输入框用来设置自发光的强度。
- 不透明度：可以在后面的通道中加载贴图。
- 背面发光：开启该项，物体会双面发光。
- 补偿摄影机曝光：控制相机曝光补偿的数值。
- 倍增颜色的不透明度：勾选后，将控制不透明度与颜色相乘。

进阶案例 创建自发光字

本案例中将介绍立体字模型的创建以及自发光材质的创建,具体操作步骤如下。

01 在顶视图中创建文本,输入文字内容,设置文字字体,如下图所示。

02 为文本添加"挤出"修改器,如下图所示。

03 创建随意形状的封闭样条线,如下图所示。

04 进入修改命令面板,在"渲染"卷展栏中勾选"在渲染中启用"及"在视口中启用"选项,并设置径向厚度值,如下图所示。

05 设置后效果如下图所示。

06 按M键打开材质编辑器,选择空白材质球,设置为VR-灯光材质,设置颜色倍增值为80,如下图所示。

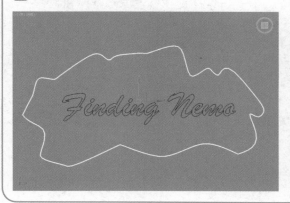

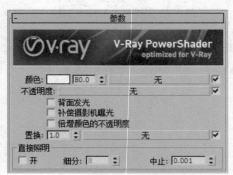

07 设置好的自发光材质球如下图所示。

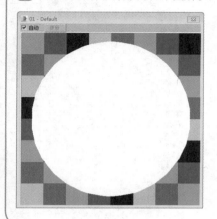

08 渲染场景，效果如下图所示。

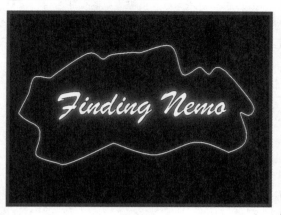

5.2.3 VR-覆盖材质

VR-覆盖材质可以让用户更加广泛地控制场景的色彩融合、反射、折射等。其"参数"卷展栏如右图所示，主要包括5个材质通道，分别是"基本材质"、"全局照明材质"、"反射材质"、"折射材质"和"阴影材质"，分别介绍如下。

- 基本材质：这个是物体的基础材质。
- 全局照明材质：这个是物体的全局光材质，当使用该参数时，灯光的反弹将依照该材质的灰度来进行控制，而不是基础材质。
- 反射材质：物体的反射材质，即在反射里看到的物体的材质。
- 折射材质：物体的折射材质，即在折射里看到的物体的材质。
- 阴影材质：基本材质的阴影将使用该参数中的材质来进行控制，基本材质的阴影将无效。

5.2.4 VR-材质包裹器材质

VR-材质包裹器材质主要用来控制材质的全局光照、焦散和物体的不可见等特殊属性。通过材质包裹器的设定，我们就可以控制所有赋予该材质物体的全局光照、焦散和不可见等属性，其参数面板如右图所示，主要参数介绍如下。

- 基本材质：用来设置基础材质参数，此材质必须是VRay渲染器支持的材质类型。
- 附加曲面属性：这里的参数主要用来控制赋予材质包裹器物体的接收，生成全局照明属性和接收、生成焦散属性。
- 无光属性：目前VRay还没有独立的"不可见/阴影"材质效果。
- 杂项：用来设置全局照明曲面ID的参数。

5.2.5 VR-车漆材质

VR-车漆材质通常用来模拟车漆材质效果，其材质包括3层，分别为基础层、雪花层、镀膜层，因此可以模拟真实的车漆层次效果，参数面板如右图所示。

基本参数介绍如下。

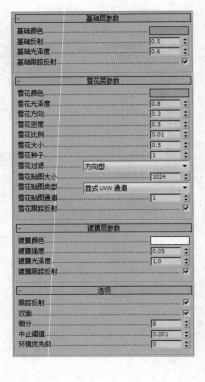

- 基础颜色：控制基础层的漫反射颜色。
- 基础反射：控制基础层的反射率。
- 基础光泽度：控制基础层的反射光泽度。
- 基础跟踪反射：当关闭时，基础层仅产生镜面高光，而没有反射光泽度。
- 雪花颜色：金属雪花的颜色。
- 雪花光泽度：金属雪花的光泽度。
- 雪花方向：控制雪花与建模表面法线的相对方向。
- 雪花密度：固定区域中的密度。
- 雪花比例：雪花结构的整体比例。
- 雪花大小：控制雪花的颗粒大小。
- 雪花种子：产生雪花的随机种子数量，使得雪花结构产生不同的随机分布。
- 雪花过滤：决定以何种方式对雪花进行过滤。
- 雪花贴图大小：指定雪花贴图的大小。
- 雪花贴图类型：指定雪花贴图的方式。
- 雪花贴图通道：当贴图类型是精确UVW通道时，薄片贴图所使用的贴图通道。
- 雪花跟踪反射：当关闭时，基础层仅产生镜面高光，而没有真实的反射。
- 镀膜颜色：镀膜层的颜色。
- 镀膜强度：直视建模表面时，镀膜层的反射率。
- 镀膜光泽度：镀膜层的光泽度。
- 镀膜跟踪反射：当关闭时，基础层仅产生镜面高光，而没有真实的反射。
- 跟踪反射：不选中时，来自各个不同层的漫反射将不进行光线跟踪。
- 双面：选中时，材质是双面的。
- 细分：决定各个不同层计算反射时的中止极限值。
- 环境优先权：指定该材质的环境覆盖贴图的优先权。

5.2.6 VRay2SidedMtl材质

VRay2SidedMtl材质可以模拟双面材质效果，其参数面板如右图所示。基本参数介绍如下。

- 正面材质：可以在该通道上添加正面材质。
- 反面材质：可以在该通道上添加背景材质。
- 半透明：可以在该通道上添加半透明贴图。
- 强制单面子材质：勾选该选项可以控制强制单面的子材质效果。

5.2.7 VR-雪花材质

VR-雪花材质可以模拟制作真实的雪花效果。效果如下左图、中图所示，参数设置面板如下右图所示。

5.3 常用贴图

贴图可以模拟纹理、反射、折射及其他特殊效果，可以在不增加材质复杂度的前提下，为材质添加细节，有效改善材质的外观和真实感。

5.3.1 位图贴图

位图贴图是所有贴图类型中最常见的贴图。通常所说的添加一张图片的意思就是指添加一个位图贴图，然后在位图贴图中加载图片。3ds Max支持的任何位图（或动画）文件类型均可以用作材质中的位图贴图，右图所示为位图贴图的主要参数卷展栏。

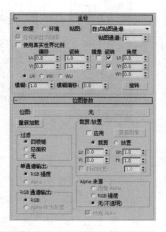

- 偏移：用来控制贴图的偏移效果。
- 瓷砖：用来控制贴图平铺重复的程度。
- 角度：用来控制贴图的旋转角度。
- 模糊：用来控制贴图的模糊程度，数值越大贴图越模糊，渲染速度越快。
- 裁剪/放置：控制贴图的应用区域。

知识链接 ▶ **查看缺失的位图文件**

打开的场景文件所引用的位图找不到文件时，会弹出右图所示的"缺少外部文件"对话框，在其中可以浏览查找缺失的文件。

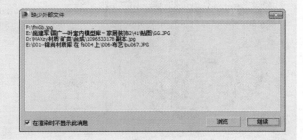

进阶案例 制作游戏金币效果

本案例中将利用位图贴图的凹凸效果制作金币材质，下面介绍具体操作过程。

01 创建一个半径为50、高度为5的圆柱体，如下图所示。

02 按M键打开材质编辑器，选择一个空白材质球，设置为VRayMtl材质类型，设置漫反射颜色与反射颜色，再设置反射参数，如下图所示。

03 漫反射颜色及反射颜色设置如下图所示。

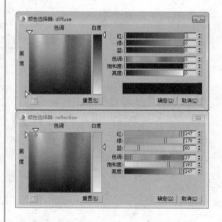

04 在"贴图"卷展栏中为"凹凸"通道添加位图贴图并设置凹凸值，如下图所示。

05 添加的位图贴图如下图所示。

06 设置好的材质球效果如下图所示。

07 渲染场景,效果如右图所示。

5.3.2 衰减贴图

衰减贴图是基于几何曲面上面法线的角度衰减生成从白色到黑色的值。在创建不透明的衰减效果时,衰减贴图提供了更大的灵活性,其参数面板如右图所示。

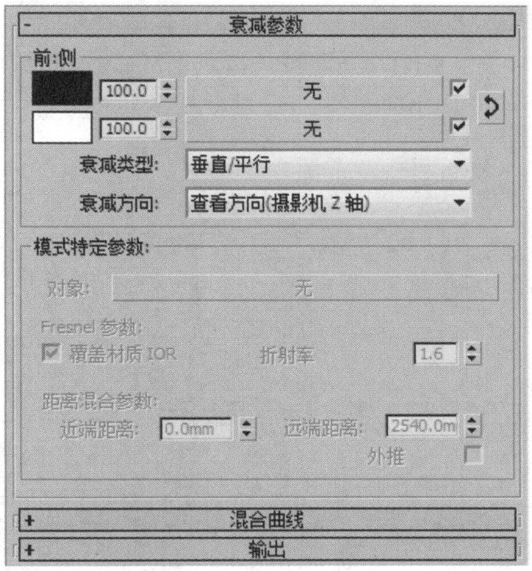

- 前/侧:用来设置衰减贴图的前和侧通道参数。
- 衰减类型:设置衰减的方式,共有垂直/平行、朝向/背离、Fresnel、阴影/灯光、距离混合5种选项。
- 衰减方向:设置衰减的方向。
- 对象:从场景中拾取对象并将其名称放到按钮上。
- 覆盖材质IOR:允许更改为材质所设置的折射率。
- 折射率:设置一个新的折射率。
- 近端距离:设置混合效果开始的距离。
- 远端距离:设置混合效果结束的距离。
- 外推:启用此选项之后,效果继续超出"近端"和"远端"距离。

5.3.3 渐变贴图

渐变贴图是依据上中下三个颜色,并通过中间颜色的位置确定三个颜色的分布,从而产生渐变的效果。其参数设置面板如右图所示。

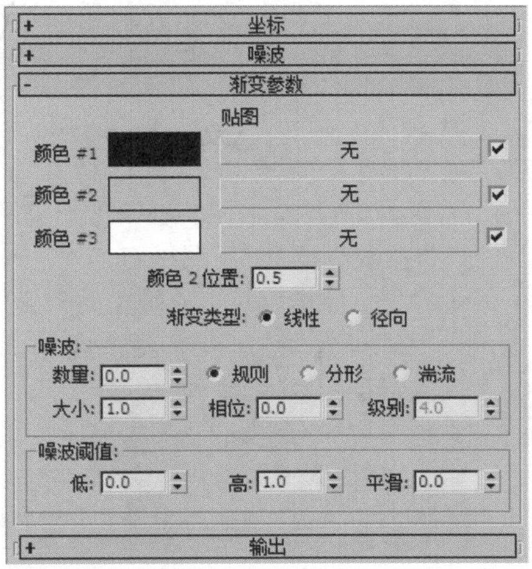

- 颜色#1~3:设置渐变在中间进行插值的三个颜色。显示颜色选择器,可将颜色从一个色样拖放到另一个色样上。
- 贴图:显示贴图而不是颜色。贴图采用与混合渐变颜色相同的方式来混合到渐变中。可以在每个窗口中添加嵌套程序以生成5色、7色、9色渐变,或更多的渐变。
- 颜色2位置:控制中间颜色的中心点。
- 渐变类型:在"线性"和"径向"中进行选择,其中线性基于垂直位置插补颜色。

知识链接 交换颜色

通过将一个色样拖动到另一个色样上可以交换颜色，单击“复制或交换颜色”对话框中的“交换”按钮完成操作。若需要反转渐变的总体方向，则可交换第一种和第三种颜色。

5.3.4 平铺贴图

平铺贴图使用颜色或材质贴图创建砖或其他平铺材质。通常包括已定义的建筑砖图案，也可以自定义图案，其参数设置面板如右图所示。

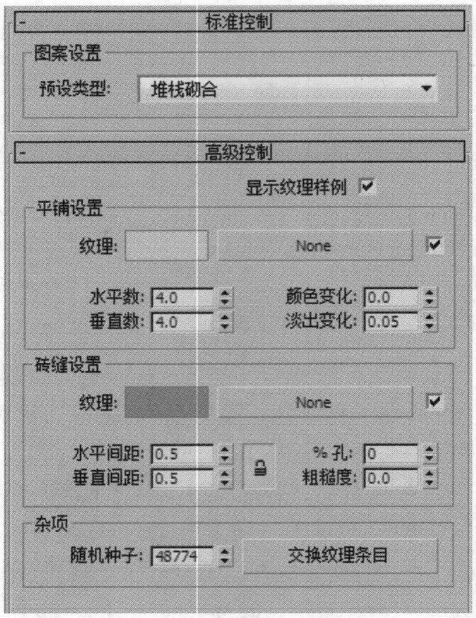

- 预设类型：列出定义的建筑瓷砖砌合、图案、自定义图案，这样可以通过选择“高级控制”和“堆垛布局”卷展栏中的选项来设计自定义的图案。
- 显示纹理样例：更新并显示贴图指定给瓷砖或者砖缝的纹理。
- 平铺设置：该选项组控制平铺的参数设置。
- 纹理：控制用于瓷砖的当前纹理贴图的显示。
- 水平/垂直数：控制行/列的瓷砖数。
- 颜色变化：控制瓷砖的颜色变化。
- 淡出变化：控制瓷砖的淡出变化。
- 砖缝设置：该选项组控制砖缝的参数设置。
- 纹理：控制砖缝的当前纹理贴图的显示。
- 水平/垂直间距：控制瓷砖间的水平/垂直砖缝的大小。
- 粗糙度：控制砖缝边缘的粗糙度。

5.3.5 棋盘格贴图

棋盘格贴图可以模拟两种颜色构成的棋盘格效果，并允许贴图替换颜色。其参数设置面板如右图所示。

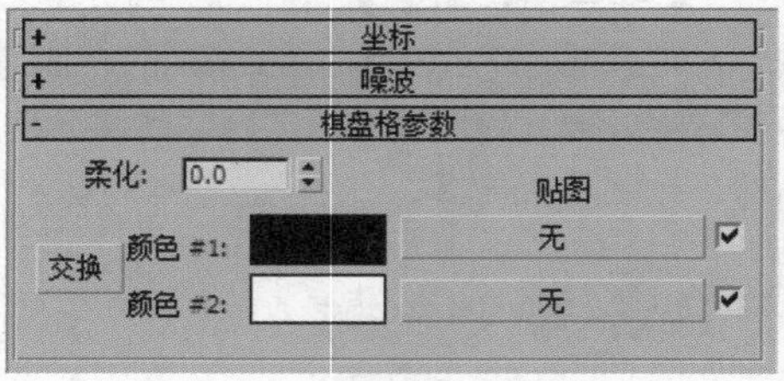

- 柔化：模糊方格之间的边缘，很小的柔化值就能生成很明显的模糊效果。
- 交换：单击该按钮可交换方格的颜色。
- 颜色：用于设置方格的颜色，允许使用贴图代替颜色。
- 贴图：选择要在棋盘格颜色区内使用的贴图。

5.3.6 VRayHDRI贴图

VRayHDRI贴图是比较特殊的一种贴图，可以模拟真实的HDRI环境，常用于反射或折射较为明显的场景。其参数设置面板如下图所示。

- 位图：单击后面的“浏览”按钮可以指定一张HDRI贴图。
- 贴图类型：控制HDRI的贴图方式，主要分为成角贴图、立方环境贴图、球状环境贴图、球体反射、直接贴图通道5类。
- 水平旋转：控制HDRI在水平方向上的旋转角度。
- 水平翻转：让HDRI在水平方向上翻转。
- 垂直旋转：控制HDRI在垂直方向的旋转角度。

- 垂直翻转：让HDRI在垂直方向上翻转。
- 全局倍增：用来控制HDRI的亮度。
- 渲染倍增：设置渲染时的光强度倍增。
- 伽马值：设置贴图的伽马值。
- 插值：选择插值方式，包括"双线性"、"双立体"、"四次幂"以及"默认"。

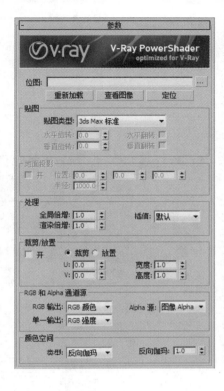

5.3.7 VR边纹理贴图

VR边纹理贴图可以模拟制作物体表面的网格颜色效果，其参数面板如右图所示。

- 颜色：设置边线的颜色。
- 隐藏边：当勾选该项时，物体背面的边线也将被渲染出来。
- 厚度：决定边线的厚度，主要分为"世界单位"和"像素"两个单位。

进阶案例 **制作边纹理效果**

本案例中将利用一个动物模型来观察VR边纹理贴图的效果，下面介绍具体操作过程。

01 打开素材模型文件，如下图所示。

02 按M键打开材质编辑器，选择一个空白材质球，设置为VRayMtl材质类型，为漫反射通道添加VRay边纹理贴图，进入设置面板，设置纹理颜色及像素值，如下图所示。

03 纹理颜色设置如下图所示。

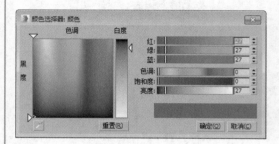

04 设置好的边纹理材质球效果如下图所示。

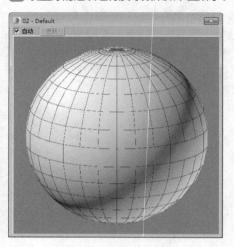

05 打开"渲染设置"窗口,在"全局开关"卷展栏中勾选"覆盖材质"选项,再将材质编辑器中的边纹理材质拖到当前,如下图所示。

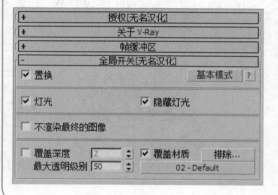

06 渲染场景,可以看到VR边纹理贴图效果,如下图所示。

课后练习

一、选择题

1. 以下对"材质编辑器"叙述不正确的是（   ）。

A. 按字母G键可直接打开材质编辑器

B. 材质编辑器里默认情况下只能使用24个材质球

C. 材质编辑器可以对物体进行贴图操作

D. 材质编辑器可以改变物体的形状和亮度

2. 3ds Max的材质编辑器中最多可以显示的样本球个数为（   ）。

A. 9　　　　　　B. 13　　　　　　C. 8　　　　　　D. 24

3. 贴图和材质是两个完全不同的概念，下面不属于材质类型的是（   ）。

A. 标准　　　　　B. 噪波　　　　　C. 建筑　　　　　D. 双面

4. 以下不属于3ds Max标准材质中贴图通道的是（   ）。

A. 凹凸　　　　　B. 反射　　　　　C. 漫反射颜色　　　D. 高亮

二、填空题

1. 用于将多个不同材质叠加在一起，常制作生锈的金属、岩石等材质的是＿＿＿＿。

2. ＿＿＿＿是VRay渲染器的标准材质。

3. ＿＿＿＿可以将多个子材质按照相对应的ID号分配给一个对象，使对象的各个表面显示出不同的材质效果。

4. 虫漆材质通过叠加将＿＿＿＿＿材质混合，叠加材质中的颜色成为虫漆材质，被添加到基础材质的颜色中。

三、上机题

利用本章所学知识，练习制作如下图所示的材质。

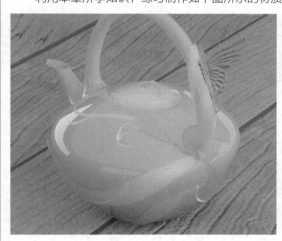

Chapter

06

灯光与摄影机

本章将对3ds Max 2016的各种灯光系统以及摄影机的应用进行讲解，其中光度学灯光、VRay灯光以及两种摄影机的使用是本章讲解的重点，在详细讲解参数的同时，配合小型实例讲解灯光以及摄影机在场景中的具体使用技巧和方法。

知识要点

① 光度学灯光
② 光域网的使用
③ VRay光源系统
④ 目标摄影机
⑤ VR-物理摄影机

上机安排

学习内容	学习时间
● 光度学灯光和光域网的使用	30分钟
● 标准灯光的使用	20分钟
● VR灯光的使用	20分钟
● VR阳光的使用	20分钟
● VRay物理摄影机的使用	20分钟

6.1 3ds Max光源系统

灯光在三维动画中的地位举足轻重，没有灯光烘托下的艺术作品如同世界缺少色彩一样单调、乏味。在3ds Max中，灯光可以生动地展现材质的优美纹理，照亮模型细致表面。巧妙地运用灯光不但能让模型富有生命力，还能使模型呈现出更加丰富多变的形态特征，使艺术作品或真实、或虚幻，更加吸引观者的注意。

3ds Max中的灯光可以模拟真实世界中的发光效果，如各种人工照明设备或太阳，为场景中的几何体提供照明。3ds Max 2016提供了多种灯光对象，用于模拟真实世界不同种类的光源。

6.1.1 标准灯光

标准灯光是基于计算机的模拟灯光对象，该类型灯光主要包括泛光灯、聚光灯、平行光、天光以及mental ray常用区域灯光等多种类型。

1. 泛光灯

泛光灯从单个光源向四周投射光线，其照明原理与室内白炽灯泡一样，因此通常用于模拟场景中的点光源，下左图所示为泛光灯的基本照射效果。

2. 聚光灯

聚光灯包括目标聚光灯和自由聚光灯两种，但照明原理都类似闪光灯，即投射聚集的光束，其中自由聚光灯没有目标对象，如下右图所示。

> **知识链接** ▶ **泛光灯的应用**
>
> 当泛光灯应用光线跟踪阴影时，渲染速度比聚光灯要慢，但渲染效果一致，在场景中应尽量避免这种情况。

3. 平行光

平行光包括目标平行灯和自由平行灯两种，主要用于模拟太阳在地球表面投射的光线，即以一个方向投射的平行光，下左图所示为平行光照射效果。

4. 天光

天光是一种用于模拟环境光照明的灯光，它可以模拟光线从各个角度对物体进行投射。天光比较适合表现室外的建筑场景。天光的算法在设计上，并没有考虑真实世界的物理属性，仅是一种模拟性质的全局光照，所以相对其他高级光照在计算速度上要更快。

天光是比较特别的标准灯光类型，可以建立日光的模型，配合光跟踪器使用，如下右图所示为天光的应用效果。

目标聚光灯或目标平行光的目标点与灯光的距离对灯光的强度或衰减没有影响。

当光线到达对象的表面时，对象表面将反射这些光线，这就是对象可见的基本原理。对象的外观取决于到达它的光线以及对象材质的属性，灯光的强度、颜色、色温等属性都会对对象的表面产生影响。

在标准灯光的"强度/颜色/衰减"卷展栏中，可以对灯光最基本的属性进行设置，如右图所示，其中各选项的含义介绍如下。

- 倍增：该参数可以将灯光功率放大一个正或负的量。
- 颜色：单击色块，可以设置灯光发射光线的颜色。
- 衰退：该选项组提供了使远处灯光强度减小的方法，包括"倒数"和"平方反比"两种方法。
- 近距衰减：该选项组中提供了控制灯光强度淡入的参数。
- 远距衰减：该选项组中提供了控制灯光强度淡出的参数。

所有的标准灯光类型都具有相同的阴影参数设置，通过设置阴影参数，可以使对象投影产生密度不同或颜色不同的阴影效果。

阴影参数直接在"阴影参数"卷展栏中进行设置，如右图所示。其中，主要选项的含义介绍如下。

- 颜色：单击色块，可以设置灯光投射的阴影颜色，默认为黑色。
- 贴图：使用贴图可以应用各种程序贴图与阴影颜色进行混合，产生更复杂的阴影效果。
- 大气阴影：应用该选项组中的参数，可以使场景中的大气效果也产生投影，并能控制投影的不透明度和颜色数量。

6.1.2 光度学灯光

光度学灯光使用光度学（光能）值，通过这些值可以更精确地定义和控制灯光，用户可以通过光度学灯光创建具有真实世界中灯光规格的照明对象，而且可以导入照明制造商提供的特定光度学文件。

1. 目标灯光

3ds Max 2016将光度学灯光进行整合，将所有的目标光度学灯光合为一个对象，可以在该对象的参数面板中选择不同的模板和类型，如40W强度的灯或线性灯光类型，下左图所示为所有类型的目标灯光。

2. 自由灯光

自由灯光与目标灯光参数完全相同，只是没有目标点，如下右图所示。

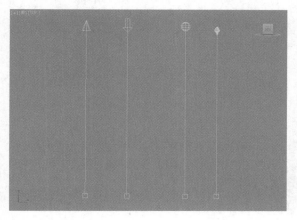 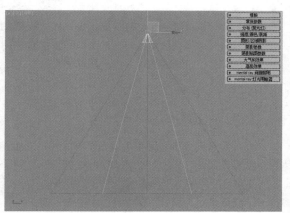

3. mr天空入口

mr天空入口对象提供了一种聚集内部场景中的现有天空照明的有效方法，无需高度最终聚集或全局照明设置。实际上，入口就是一个区域灯光，从环境中导出其亮度和颜色。

光度学灯光与标准灯光一样，强度、颜色等是最基本的属性，但光度学灯光还具有物理方面的参数，如灯光的分布、形状以及色温等。

在光度学灯光的"强度/颜色/衰减"卷展栏中，可以设置灯光的强度和颜色等基本参数，如右图所示。其中，各参数选项的含义介绍如下。

- 开尔文：可以调节色温来改变灯光的颜色。色温是用开尔文度数来显示的。
- 过滤颜色：在该选项组中提供了用于确定灯光的不同方式，可以使用过滤颜色，选择下拉列表中提供的灯具规格，或通过色温控制灯光颜色。
- 强度：在该选项组中提供了3个选项来控制灯光的强度。
- 结果强度：用来显示暗淡强度，可以使用与强度组相同的组件。
- 暗淡百分比：启用该选项后，设置相应的数值会改变光源强度的倍增大小。
- 光线暗淡时白炽灯颜色会切换：启用此选项后，灯光可以在较暗时发出黄色来模拟白炽灯的效果。
- 使用：可以选择是否启用灯光的远距衰减。
- 显示：在视口中显示出远距衰减的范围。
- 开始：控制灯光开始淡入的距离。
- 结束：控制灯光变为零的距离。

3ds Max 2016为"聚光灯"分布提供了相应的参数控制，可以使聚光区域产生衰减，如右图所示为参数卷展栏。

- 聚光区/光束：用于调整灯光圆锥体的角度，聚光区值以度为单位进行测量。
- 衰减区/区域：用于调整灯光衰减区的角度，衰减区值以度为单位进行测量。

由于3ds Max将光度学灯光整合为目标灯光和自由灯光两种类型，光度学灯光的开关可以在任何目标灯光或自由灯光中进行自由切换，如下图所示为光度学灯光形状切换的卷展栏。

其中，各参数选项的含义介绍如下：

- 点光源：选择该形状，灯光像标准的泛光灯一样从几何体点发射光线。
- 线：选择该形状，灯光从直线发射光线，像荧光灯管一样。
- 矩形：选择该形状，灯光像天光一样从矩形区域发射光线。
- 圆形：选择该形状，灯光从类似圆盘状的对象表面发射光线。
- 圆球体：选择该形状，灯光从球体表面发射光线。
- 圆柱体：选择该形状，灯光从柱体形状的表面发射光线。

6.1.3 光域网

　　光域网是模拟真实场景中灯光发光的分布形状而制作的一种特殊的光照文件，是结合光能传递渲染使用的。我们可以简单地把光域网理解为灯光贴图。光域网文件的后缀名为.ies，用户可以从网上进行下载。光域网能使我们的场景渲染出来的射灯效果更真实，层次更明显，效果更好。

　　下面介绍使用光域网文件的具体操作步骤。

步骤01 在标准灯光创建命令面板中单击"目标灯光"按钮，在场景中创建一个目标灯光，如下左图所示。

步骤02 进入修改命令面板，在"常规参数"卷展栏中设置灯光分布类型为"光度学Web"，下方会多出一个"分布（光度学Web）"卷展栏，如下右图所示。

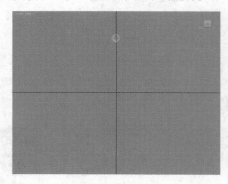
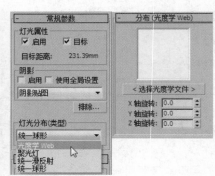

步骤03 单击"选择光度学文件"按钮，弹出"打开光域Web文件"对话框，选择合适的光域Web文件即可，如下左图所示。

步骤04 我们并不能直接看到光域网文件的效果，但是在下载的光域网文件所在文件夹中能够找到各个光域网文件对应的渲染效果图片，如下右图所示。根据场景需要及灯光性质选择正确的光域网文件即可。

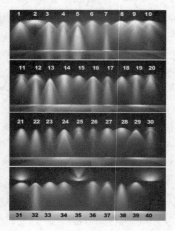

进阶案例 制作射灯效果

本案例将利用目标灯光制作一个室内射灯的光照效果，具体操作步骤介绍如下。

01 打开场景模型，如下图所示。

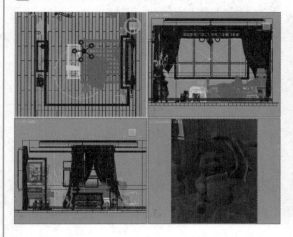

02 渲染场景，当前效果如下图所示。

03 创建一盏目标灯光，调整灯光高度，如下图所示。

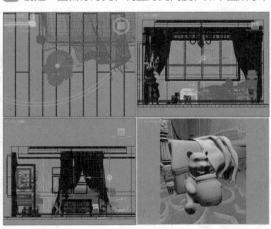

04 渲染场景，添加了目标灯光后的效果如下图所示。

05 开启"VR-阴影"，设置灯光分布类型为"光度学Web"，并添加光域网文件，如下图所示。

06 渲染场景，效果如下图所示。

07 调整灯光强度,再设置灯光颜色为暖黄色,如下   **08** 再次渲染场景,最终效果如下图所示。
图所示。

6.2 VRay光源系统

当VRay渲染器安装完成后,灯光创建命令面板的灯光类型下拉列表中会增加
VRay类型,本节将学习VRay的光源系统。

在灯光创建命令面板的灯光类型下拉列表中选择VRay选项后,"对象类型"卷
展栏如右图所示。

6.2.1 VR灯光

VR灯光是VRay渲染器自带的灯光之一,它的使用频率比较高。默认的光源形状为具有光源指向的矩形
光源,如下左图所示。VR灯光参数控制面板如下右图所示。

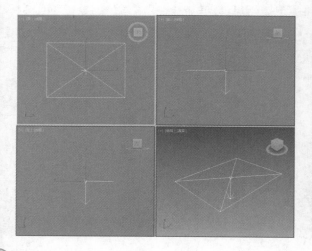

上述参数面板中，各选项的含义介绍如下。

- 开：灯光的开关。勾选此复选框，灯光才被开启。
- 排除：可以将场景中的对象排除到灯光的影响范围外。
- 类型：有3种灯光类型可以选择。
- 单位：VRay的默认单位，以灯光的亮度和颜色来控制灯光的光照强度。
- 颜色：光源发光的颜色。
- 倍增器：用于控制光照的强弱。
- 半长：面光源长度的一半。
- 半宽：面光源宽度的一半。
- 双面：控制是否在面光源的两面都产生灯光效果。
- 不可见：用于控制是否在渲染的时候显示VRay灯光的形状。
- 忽略灯光法线：勾选此复选框，场景中的光线按灯光法线分布。不勾选此复选框，场景中的光线均匀分布。
- 不衰减：勾选此复选框，灯光强度将不随距离而减弱。
- 天光入口：勾选此复选框，将把VRay灯光转换为天光。
- 存储发光图：勾选此复选框，同时为发光贴图命名并指定路径，这样VR灯光的光照信息将保存。在渲染光子时会很慢，但最后可直接调用发光贴图，减少渲染时间。
- 影响漫反射：控制灯光是否影响材质属性的漫反射。
- 影响高光：控制灯光是否影响材质属性的高光。
- 细分：控制VRay灯光的采样细分。
- 阴影偏移：控制物体与阴影偏移距离。
- 使用纹理：可以设置HDRI贴图纹理作为穹顶灯的光源。
- 分辨率：用于控制HDRI贴图纹理的清晰度。
- 目标半径：当使用光子贴图时，确定光子从哪里开始发射。
- 发射半径：当使用光子贴图时，确定光子从哪里结束发射。

6.2.2 VR阳光

　　VR阳光是VRay渲染器用于模拟太阳光的，它通常和VRSky配合使用，如下左图所示。"VRay太阳参数"卷展栏如下右图所示。

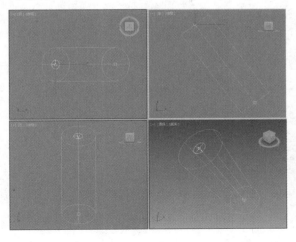

上述参数面板中，各选项的含义介绍如下。

- 启用：此选项用于控制阳光的开光。
- 不可见：用于控制在渲染时是否显示VRay阳光的形状。
- 浊度：影响太阳光的颜色倾向。当数值较小时，空气干净，颜色倾向为蓝色；当数值较大时，空气浑浊，颜色倾向为黄色。
- 臭氧：表示空气中的氧气含量。
- 强度倍增：用于控制阳光的强度。
- 大小倍增：控制太阳的大小，主要表现在控制投影的模糊程度。
- 阴影细分：用于控制阴影的品质。
- 阴影偏移：如果该值为1.0，阴影无偏移；如果该值大于1.0，阴影远离投影对象；如果该值小于1.0，阴影靠近投影对象。
- 光子发射半径：用于设置光子放射的半径。

6.2.3 VRayIES

VRayIES是VRay渲染器提供用于添加IES光域网文件的光源。选择了光域网文件（*.IES），那么在渲染过程中光源的照明就会按照选择的光域网文件中的信息来表现，就可以做出普通照明无法做到的散射、多层反射、日光灯等效果，如下左图所示。

"VRay IES参数"卷展栏如下右图所示，其中参数含义与VRay灯光和VRay阳光类似。

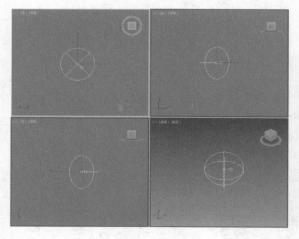
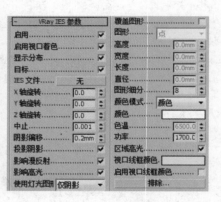

6.3 3ds Max摄影机

摄影机可以从特定的观察点来表现场景，模拟真实世界中的静止图像、运动图像或视频，并能够制作某些特殊的效果，如景深和运动模糊等。本节主要介绍摄影机的相关基本知识与实际应用操作等。

6.3.1 摄影常用术语

摄影机在模型的制作中同样起到很重要的作用，无论是静帧出图还是动画渲染，都是在摄影机中完成的。3ds Max中的摄影机与真实世界中的摄影机，无论是用法还是参数都是相似的，了解摄影的常用术语有利于我们更好地架设摄影机。

（1）镜头

镜头是摄影机的重要组成部分，它的质量高低直接影响摄影机整机指标。镜头由若干的凹凸镜片构成，它能够敏感地采集物理空间中的光线，仿若人类眼睛中的晶状体结构。假想一下，如若没有晶状体，那我们就看不到任何影像了。对于摄影机来说，如果没有镜头，那就无法对影像进行采集。

（2）焦距

焦距是光学系统中衡量光的聚集或发散的度量方式，指平行光入射时从透镜光心到光聚集之焦点的距离。在相机中，就是从镜片中心到底片或CCD等成像平面的距离，简单地说，焦距是焦点到面镜的顶点之间的距离。

（3）曝光

曝光是指摄像师通过对拍摄环境的状况进行分析，然后控制摄影机的光圈和快门，使被拍摄物体反射的光线透过镜头投射到感光介质上成像的过程。

（4）白平衡

白平衡是摄影机对白色还原的技术，它是描述RGB三基色混合生成白色精确程度的一项指标。

（5）光圈

光圈是摄影机镜头内部由几枚超薄金属片组成的装置，中间能够通过光线。通过调整该装置的收缩，可以控制进入镜头的光线量。

（6）快门

快门是摄影机用来控制光线照射感光元件时间的装置，是摄影机的重要组成部分之一。

6.3.2 摄影机的类型

3ds Max 2016共提供了三种摄影机类型，包括物理摄影机、目标摄影机和自由摄影机，前者适用于表现静帧或单一镜头的动画，后者适用于表现摄影机路径动画。

（1）物理摄影机

物理摄影机可模拟用户可能熟悉的真实摄影机设置，例如快门速度、光圈、景深和曝光。借助增强的控件和额外的视口内反馈，让创建逼真的图像和动画变得更加容易。

（2）目标摄影机

目标摄影机沿着放置的目标图标"查看"区域，使用该摄影机更容易定向。为目标摄影机及其目标制作动画，可以创建有趣的效果。

（3）自由摄影机

自由摄影机在摄影机指向的方向查看区域，与目标摄影机不同，自由摄影机由单个图标表示，可以更轻松地设置摄影机动画。

6.3.3 摄影机的操作

在3ds Max 2016中，可以通过多种方法快速创建摄影机，并能够使用移动和旋转工具对摄影机进行移动和定向操作，同时应用预置的各种镜头参数来控制摄影机的观察范围和效果。

1. 摄影机的变换操作

对摄影机进行移动操作时，通常针对目标摄影机，可以对摄影机与摄影机目标点分别进行移动操作。由于目标摄影机被约束指向其目标，无法沿着其自身的X和Y轴进行旋转，所以旋转操作主要针对自由摄影机。

2. 摄影机常用参数设置

摄影机的常用参数设置主要包括镜头的选择、视野的设置、大气范围和裁剪范围的控制等，下图所示为摄影机的参数设置面板。

参数面板中各个参数的含义介绍如下。

- 镜头：以毫米为单位设置摄影机的焦距。
- 视野：用于决定摄影机查看区域的宽度，可以通过水平、垂直或对角线这3种方式测量应用。
- 正交投影：启用该选项后，摄影机视图为用户视图；关闭该选项后，摄影机视图为标准的透视视图。
- 备用镜头：该选项组用于选择各种常用预置镜头。
- 类型：切换摄影机的类型，包含"目标摄影机"和"自由摄影机"两种。
- 显示圆锥体：显示摄影机视野定义的锥形光线。
- 显示地平线：在摄影机中的地平线上显示一条深灰色的线条。
- 显示：显示出在摄影机锥形光线内的矩形。
- 近距/远距范围：设置大气效果的近距范围和远距范围。
- 手动剪切：启用该选项可以定义剪切的平面。
- 近距/远距剪切：设置近距和远距平面。
- 多过程效果：该选项组中的参数主要用来设置摄影机的景深和运动模糊效果。
- 目标距离：当使用目标摄影机时，设置摄影机与其目标之间的距离。

3. 景深参数

景深是多重过滤效果，通过模糊到摄影机焦点某距离处的帧的区域，使图像焦点之外的区域产生模糊效果。

景深的启用和控制，主要在摄影机参数面板的"多过程效果"选项组和下图所示的"景深参数"卷展栏中进行设置，"景深参数"卷展栏中各个参数的含义介绍如下。

- 使用目标距离：启用该选项后，系统会将摄影机的目标距离用作每个过程偏移摄影机的点。
- 焦点深度：当关闭"使用目标距离"选项时，该选项可用来设置摄影机的偏移深度。
- 显示过程：启用该选项后，"渲染帧窗口"对话框中将显示多个渲染通道。
- 使用初始位置：启用该选项后，第一个渲染过程将位于摄影机的初始位置。
- 过程总数：设置生成景深效果的过程数。增大该值可以提高效果的真实度，但是会增加渲染时间。
- 采样半径：设置生成的模糊半径。数值越大，模糊越明显。
- 采样偏移：设置模糊靠近或远离"采样半径"的权重。增加该值将增加景深模糊的数量级，从而得到更加均匀的景深效果。
- 规格化权重：启用该选项后可以产生平滑的效果。
- 抖动强度：设置应用于渲染通道的抖动程度。
- 平铺大小：设置图案的大小。
- 禁用过滤：启用该选项后，系统将禁用过滤的整个过程。
- 禁用抗锯齿：启用该选项后，可以禁用抗锯齿功能。

4. 运动模糊参数

运动模糊可以通过模拟实际摄影机的工作方式，增强渲染动画的真实感。摄影机有快门速度，如果在打开快门时物体出现明显的移动情况，拍摄到的影像将变模糊。

在摄影机的参数面板中选择"运动模糊"选项时，会打开相应的参数卷展栏，用于控制运动模糊效果，如下图所示，其中各选项的含义介绍如下。

- 显示过程：启用该选项后，"渲染帧窗口"对话框中将显示多个渲染通道。
- 过程总数：用于生成效果的过程数。增加此值可以增加效果的精确性，但渲染时间会更长。

- 持续时间：用于设置在动画中将应用运动模糊效果的帧数。
- 偏移：更改模糊，以便其显示出在当前帧的前后帧中更多的内容。
- 偏移：设置模糊的偏移距离。
- 抖动强度：用于控制应用于渲染通道的抖动程度，增加此值会增加抖动量，并且生成颗粒状效果，尤其在对象的边缘上。
- 瓷砖大小：设置图案的大小。

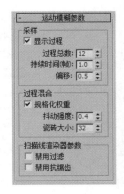

6.4 VRay摄影机

　　VRay摄影机是安装了VRay渲染器后新增加的一种摄影机。本节将对其相关知识进行详细介绍。

　　VRay渲染器提供了VR-穹顶摄影机和VR-物理摄影机两种摄影机，VRay摄影机创建命令面板如右图所示。

6.4.1 VR-穹顶摄影机

　　VR-穹顶摄影机通常被用于渲染半球圆顶效果，它的参数设置面板如右图所示。
- 翻转X：使渲染的图像在X轴上进行翻转。
- 翻转Y：使渲染的图像在Y轴上进行翻转。
- fov：设置视角的大小。

6.4.2 VR-物理摄影机

　　VR-物理摄影机和3ds Max自带的摄影机相比，它能模拟真实成像，更轻松地调节透视关系。单靠摄影机就能控制曝光，另外还有许多非常不错的其他特殊功能和效果。普通摄影机不带任何属性，如白平衡、曝光值等，而VR-物理摄影机则具有这些功能，简单地讲，如果发现灯光不够亮，直接修改VR-物理摄影机的部分参数就能提高画面质量，而不用重新修改灯光的亮度。

1. 基本参数

VR-物理摄影机的"基本参数"卷展栏右图所示。
- 类型：VR-物理摄影机内置了3种类型的摄影机，用户可以在这里进行选择。
- 目标：勾选此选项，摄影机的目标点将放在焦平面上。
- 胶片规格：控制摄影机"看到"的范围，数值越大，看到的范围也就越大。
- 焦距：控制摄影机的焦距。
- 缩放因子：控制摄影机视口的缩放。
- 光圈数：用于设置摄影机光圈的大小。数值越小，渲染图片亮度越高。
- 目标距离：摄影机到目标点的距离，默认情况下不启用此选项。

- 指定焦点：开启该选项后，可以手动控制焦点。
- 焦点距离：控制焦距的大小。
- 曝光：勾选该选项后，光圈数、快门速度和胶片速度设置才会起作用。
- 光晕：模拟真实摄影机的渐晕效果。
- 白平衡：控制渲染图片的色偏。
- 快门速度：控制进光时间，数值越小，进光时间越长，渲染图片越亮。
- 快门角度：只有选择电影摄影机类型此项才激活，用于控制图片的明暗。
- 快门偏移：只有选择电影摄影机类型此项才激活，用于控制快门角度的偏移。
- 延迟：只有选择视频摄影机类型此项才激活，用于控制图片的明暗。
- 胶片速度：控制渲染图片亮暗。数值越大，表示感光系数越大，图片也就越暗。

2. 散景特效

散景特效常产生于夜晚，由于画面背景是灯光，可产生一个个彩色的光斑效果，同时还伴随一定的模糊效果。"散景特效"卷展栏如右图所示。

- 叶片数：用于控制散景产生的小圆圈的边，默认值为5，表示散景的小圆圈为正五边形。
- 旋转（度）：控制散景小圆圈的旋转角度。
- 中心偏移：控制散景偏移源物体的距离。
- 各向异性：控制散景的各向异性，该值越大，则散景的小圆圈拉得越长，即变成椭圆形。

知识链接　适当掌握单反相机的知识

VR-物理摄影机的功能非常强大，相对于3ds Max自带的目标摄影机而言，增加了很多优秀的功能，比如焦距、光圈、白平衡、快门速度、曝光等，这些参数与单反相机是非常相似的，因此想要熟练地应用VR-物理摄影机，可以适当掌握一些单反相机的相关知识。

课后练习

一、选择题

1. 下列不属于3ds Max默认灯光类型的是（　　）。

A. Omni　　　　　　　B. Reflection　　　　　　C. Diffuse　　　　　　D. Extra light

2. 在光度学灯光中，关于灯光分布的4种类型中，（　　）可以载入光域网使用。

A. 统一球体　　　　　B. 聚光灯　　　　　　　　C. 光度学Web　　　　D. 统一漫反射

3. 在标准灯光中，（　　）灯光在创建的时候不需要考虑位置的问题。

A. 目标平行光　　　　B. 天光　　　　　　　　　C. 泛光灯　　　　　　D. 目标聚光灯

4. 以下不能产生阴影的灯光是（　　）。

A. 泛光灯　　　　　　B. 自由平行光　　　　　　C. 目标聚光灯　　　　D. 天空光

5. Omin是哪一种灯光（　　）。

A. 聚光灯　　　　　　B. 目标聚光灯　　　　　　C. 泛光灯　　　　　　D. 目标平行光

二、填空题

1. 默认情况下，摄像机移动时以_____为基准。

2. 在3ds Max中，_____是对象变换的一种方式，它像一个快速的照相机，将运动的物体拍摄下来。相机默认的镜头长度是_____。

3. 在摄影机参数中可用控制镜头尺寸大小的是_____。

4. 摄影机支持_____、_____、控制RPF摄像机和在同一场景中架设多架摄像的效果。

三、操作题

利用本章所学的知识，为场景添加灯光效果，参考效果如下图所示。

Chapter

07

环境特效

环境和效果是3ds Max中非常重要的部分，通过"环境和效果"窗口，可以更加准确地把握作品要营造的氛围，让画面更具有冲击力。比如大雾缭绕的场景、熊熊燃烧的烈火等。本章将重点围绕环境和效果的参数及其应用进行讲解。

知识要点

① 环境的常用参数
② 环境的使用方法
③ 效果的常用参数
④ 效果的使用方法

上机安排

学习内容	学习时间
● 制作火焰效果	20分钟
● 制作大雾效果	20分钟

7.1 "环境"选项卡

"环境"选项卡主要用于控制物体四周的效果。现实中常见的环境效果有很多,如大雾、扬尘等,3ds Max中的环境也是一样,可以指定和调整环境。

在菜单栏中执行"渲染>环境"命令,即可打开"环境和效果"窗口,并切换到"环境"选项卡,如右图所示。

使用环境功能可以执行以下操作:

- 设置背景颜色和背景颜色动画;
- 在渲染场景的背景中使用图像,或者使用纹理贴图作为球形环境、柱形环境或收缩包裹环境;
- 设置环境光和环境光动画;
- 在场景中使用大气插件(例如体积光);
- 将曝光控制应用于渲染。

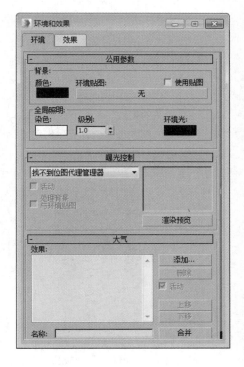

7.1.1 "公用参数"卷展栏

"公用参数"卷展栏主要用于设置场景的背景颜色及环境贴图,其详细的参数介绍如下。

- 颜色:设置场景背景的颜色。单击其下方的色块,然后在颜色选择器中选择所需的颜色即可。
- 环境贴图:环境贴图的按钮会显示贴图的名称,如果尚未指定贴图,则显示"无"。贴图必须使用环境贴图坐标(球形、柱形、收缩包裹和屏幕)。

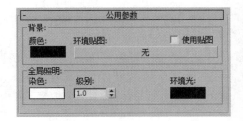

知识链接 **环境贴图的设置**

要指定环境贴图,单击"无"按钮,使用材质/贴图浏览器选择贴图,如果想进一步设置背景贴图,可以将已经设置贴图的环境贴图按钮拖至材质编辑器中的样本球上。此时会弹出对话框,询问用户复制贴图的方法,这里给出"实例"和"复制"两种。

- 使用贴图:勾选该复选框,当前环境贴图才生效。
- 染色:如果此颜色不是白色,则为场景中的所有灯光(环境光除外)染色。
- 级别:增强场景中的所有灯光。如果级别为1.0,则保留各个灯光的原始设置。增大级别将增强总体场景的照明强度,减小级别将减弱总体照明强度。此参数可设置动画。
- 环境光:设置环境光的颜色。单击色块,然后在颜色选择器中选择所需的颜色即可。

7.1.2 "曝光控制"卷展栏

曝光控制可以补偿显示器有限的动态范围。显示器的动态范围大约有两个数量级,显示器上显示的最亮颜色要比最暗颜色亮大约100倍。比较而言,眼睛可以感知大约16个数量级的动态范围,可以感知的最亮的颜色比最暗的颜色亮大约10的16次方倍。曝光控制调整颜色，使颜色可以更好地模拟眼睛的大动态范围，同时仍适合可以渲染的颜色范围。

如下左图所示的"曝光控制"卷展栏用于调整渲染的输出级别和颜色范围，类似于电影的曝光处理，它油漆用于Radiosity光能传递。其详细的参数介绍如下。

- 曝光控制下拉列表：该列表中提供了多种曝光控制预设选项，如下右图所示。
- 活动：启用时，在渲染中使用该曝光控制。禁用时，不使用该曝光控制。
- 处理背景与环境贴图：启用时，场景背景贴图和场景环境贴图受曝光控制的影响。禁用时，则不受曝光控制的影响。
- 预览缩略图：缩略图显示应用了活动曝光控制的渲染场景的预览。渲染了预览后，在更改曝光控制设置时将交互式更新。
- 渲染预览：单击可以渲染预览缩略图。

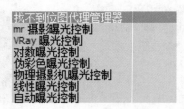

（1）mr摄影曝光控制

mr摄影曝光控制可使用户通过像控制摄影机一样来修改渲染的输出：一般曝光值或特定快门速度、光圈和胶片速度设置。它还提供可调节高光、中间调和阴影的值的图像控制设置。它专用于使用mental ray渲染器、iray渲染器或Quicksilver硬件渲染器渲染的高动态范围场景。

（2）对数曝光控制

"对数曝光控制"使用亮度、对比度以及场景是否是日光中的室外，将物理值映射为RGB值。"对数曝光控制"比较适合动态范围很高的场景。

（3）伪彩色曝光控制

"伪彩色曝光控制"实际上是一个照明分析工具，使用户可以直观地观察和计算场景中的照明级别。它可将亮度或照度值映射为显示转换的值的亮度的伪彩色。从最暗到最亮，渲染依次显示蓝色、青色、绿色、黄色、橙色和红色。渲染使用彩色或灰度光谱条作为图像的图例。

（4）物理摄影机曝光控制

物理摄影机曝光控制是使用"曝光值"和颜色-响应曲线设置物理摄影机的曝光。

（5）线性曝光控制

"线性曝光控制"从渲染图像中采样，使用场景的平均亮度将物理值映射为RGB值。"线性曝光控制"最适合用于动态范围很低的场景。注意：在动画中不应使用"线性曝光控制"，因为每个帧将使用不同的柱状图，可能会使动画闪烁。

（6）自动曝光控制

"自动曝光控制"从渲染图像中采样，生成一个柱状图，在渲染的整个动态范围提供良好的颜色分离。"自动曝光控制"可以增强某些照明效果，否则，这些照明效果会过于暗淡而看不清。注意：在动画中不应使用"自动曝光控制"，因为每个帧将使用不同的柱状图，可能会使动画闪烁。

7.2 大气效果

大气效果是指环境大气的效果，在3ds Max中共包括4种，分别是火效果、雾、体积雾和体积光，其参数设置面板如下图所示。

- 效果：显示已经添加的效果名称。
- 名称：为列表中的效果自定义名称。
- 添加：单击该按钮可以打开"添加大气效果"对话框，在该对话框中可以添加大气效果。
- 删除：单击该按钮可删除选中的大气效果。
- 上移/下移：更改大气效果的应用顺序。
- 合并：合并其他3ds Max场景文件中的效果。

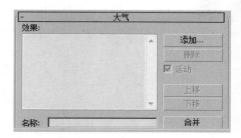

7.2.1 火效果

火效果可以向场景中添加任意数目的火焰效果，效果的顺序很重要，先创建的总是排列在下方，但是会最先进行渲染计算。火效果可以模拟火焰、烟雾等效果，其参数设置面板如下图所示。

- 拾取/移除Gizmo：单击该按钮可以拾取或者移除场景中要产生火效果的Gizmo对象。
- 内部/外部颜色：设置火焰中内部/外部的颜色。
- 烟雾颜色：主要用来设置爆炸的烟雾颜色。
- 火焰类型：有火舌和火球两种类型。
- 拉伸：将火焰沿着装置的Z轴进行缩放，该选项最适合创建"火舌"火焰。
- 规则性：修改火焰填充装置的方式。
- 火焰大小：设置装置中每个火焰的大小。
- 火焰细节：控制每个火焰中显示的颜色更改量和边缘的尖锐度。
- 密度：设置火焰效果的不透明度和亮度。
- 采样数：设置火焰效果采样率。数值越高，生成的火焰效果越细腻。
- 相位：控制火焰效果的速率。
- 漂移：设置火焰沿着火焰装置Z轴的渲染方式。
- 爆炸：勾选该选项后，火焰将产生爆炸效果。
- 烟雾：控制爆炸是否产生烟雾。
- 剧烈度：改变相位参数的漩涡效果。
- 设置爆炸：可以控制爆炸的开始时间和结束时间。

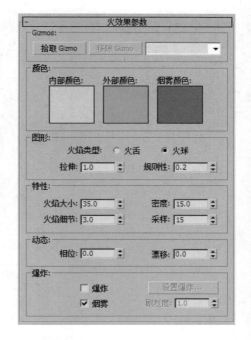

进阶案例 **火苗效果的制作**

本案例将利用大气效果中的火效果来制作一个火焰的效果，具体操作步骤介绍如下。

01 在辅助对象的大气装置创建面板中单击球体Gizmo按钮，在顶视图中创建一个球体线框，然后将其命名为"火焰1"，如右图所示。

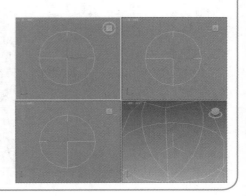

02 调整球体线框的半径值，并勾选"半球"选项，如右图所示。

03 调整后视口如下图所示。

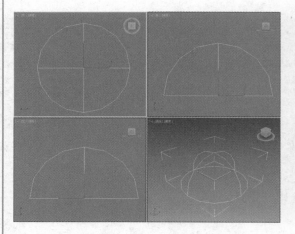

04 单击"选择并均匀缩放"按钮，在前视图中对球体线框进行缩放，如下图所示。

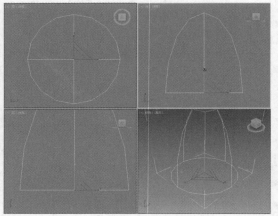

05 复制多个模型，并缩放其大小，如下图所示。

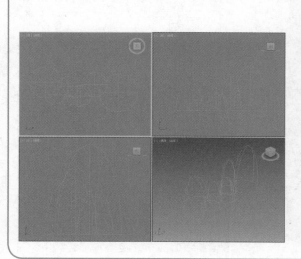

06 打开"环境和效果"窗口，如下图所示。

07 在"大气"卷展栏中单击"添加"按钮，打开"添加大气效果"对话框，选择火效果，如下图所示。

08 将火效果添加到大气效果列表中，打开"火效果参数"卷展栏，设置火效果的颜色以及各项参数，如下图所示。

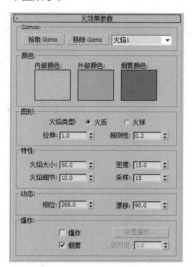

09 内部颜色及外部颜色参数设置如下图所示。

10 设置完毕后，渲染场景，效果如下图所示。

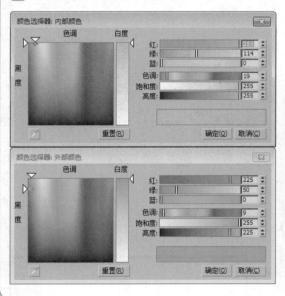

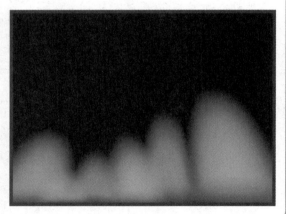

7.2.2 雾

雾效果可以模拟距离摄影机越远雾越强烈的效果。其参数设置面板如下图所示。

- 颜色：设置雾的颜色。
- 环境颜色贴图：从贴图导出雾的颜色。
- 使用贴图：使用贴图来产生雾效果。
- 环境不透明度贴图：使用贴图来更改雾的密度。

- 雾化背景：将雾应用于场景的背景。
- 标准/分层：使用标准雾/分层雾。
- 指数：随距离按指数增大密度。
- 近端/远端：设置雾在近距/远距范围的密度。
- 顶/底：设置雾层的上限/下限。
- 密度：设置雾的总体密度。
- 衰减顶/底/无：添加指数衰减效果。

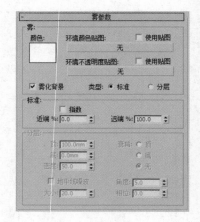

进阶案例 雾效果的制作

本案例中将利用雾效果来制作大雾弥漫的场景，操作步骤介绍如下。

01 打开场景模型，如下图所示。　　　　　　**02** 渲染场景，效果如下图所示。

03 打开"环境和效果"窗口，在"大气"卷展栏中添加雾效果，如下左图所示。

04 在"雾参数"卷展栏中设置远端数值为80%，其余设置保持默认，如下中图所示。

05 再次渲染场景，大雾弥漫的效果就表现出来了，如下右图所示。

7.2.3 体积雾

体积雾是在一定的空间体积内产生雾效果，与雾有所不同。体积雾有两种使用方法：一种是直接作用于整个场景，但要求场景内必须有对象存在；另一种是作用于大气装置Gizmo物体，在Gizmo物体限制的区域内产生云团，这是一种更容易控制的方法。"体积雾参数"卷展栏如下图所示。

- 拾取Gizmo：单击该按钮进入拾取模式，然后单击场景中的某个大气装置。
- 柔化Gizmo边缘：羽化体积雾效果的边缘。数值越大，边缘越柔滑。注意不要设置数值为0，这样可能会造成边缘上出现锯齿。
- 指数：随距离按指数增大密度。
- 步长大小：确定雾采样的粒度，即雾的细度。
- 最大步数：限制采样量，以便雾的计算不会永远执行。该选项适合于雾密度较小的场景。
- 雾化背景：将体积雾应用于场景的背景。
- 类型：有规则、分形、湍流和反转4种类型可供选择。
- 噪波阈值：限制噪波效果。
- 级别：设置噪波迭代应用的次数。
- 大小：设置烟卷或雾卷的大小。
- 相位：控制风的种子。如果风力强度大于0，雾体积会根据风向来产生动画。
- 风力强度：控制烟雾远离风向的速度。
- 风力来源：定义风来自于哪个方向。

7.2.4 体积光

制作带有体积的光线，可以指定给任何类型的灯光（环境光除外）。这种体积光可以被物体阻挡，从而形成光芒透过缝隙的效果。带有体积光属性的灯光仍可以进行照明、投影以及投影图像，从而产生真实的光线效果。

体积光可以模拟光束、射线等体积光效果。其参数设置面板如右图所示。

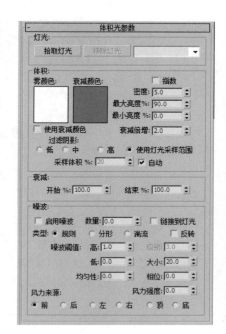

- 拾取灯光：在任意视口中单击要为体积光启用的灯光。
- 雾颜色：设置体积光产生的雾的颜色。
- 衰减颜色：体积光随距离而衰减。衰减颜色就是指衰减区域内雾的颜色，它和雾颜色相互作用，决定最后的光芒颜色。
- 使用衰减颜色：控制是否开启衰减颜色功能。
- 指数：跟踪距离以指数计算光线密度的增量，否则将以线性进行计算。
- 最大/最小亮度：设置可以达到的最大和最小的光晕效果。
- 衰减倍增：设置衰减颜色的强度。
- 过滤阴影：通过提高采样率来获得更高品质的体积光效果。
- 使用灯光采样范围：根据灯光阴影参数中的采样范围值来使体积光中投射的阴影变模糊。
- 采样体积：控制体积的采样率。

- 自动：自动控制采样体积的参数。
- 开始/结束：设置灯光效果开始和结束衰减的百分比。
- 启用噪波：控制噪波影响的开关。
- 数量：设置指定给雾效果的噪波强度。
- 链接到灯光：将噪波设置与灯光的自身坐标相连接，这样灯光在移动时，噪波也会随灯光一同移动。

7.3 "效果"选项卡

"效果"选项卡中包括 10 种效果分类，可以模拟多种渲染效果，如下左图所示。默认效果包括毛发和毛皮、镜头效果、模糊、亮度和对比度、色彩平衡、景深、文件输出、胶片颗粒、照明分析图像叠加和运动模糊，如下右图所示。

7.3.1 镜头效果

镜头效果包括光晕、光环、射线、自动二级光斑、手动二级光斑、星形和条纹，其参数设置面板如右图所示。

- 加载/保存：单击该按钮可以加载/保存LZV格式的文件。
- 大小：设置镜头效果的总体大小。
- 强度：设置镜头效果的总体亮度和不透明度。
- 种子：为镜头效果中的随机数生成器提供不同的起点，并创建略有不同的镜头效果。
- 角度：当效果与摄影机的相对位置发生改变时，该选项用来设置镜头效果从默认位置的旋转量。
- 挤压：在水平方向或垂直方向挤压镜头效果的总体大小。
- 拾取灯光/移除：单击该按钮可以在场景中拾取灯光或者移除灯光。
- 影响Alpha：如果图像以32位文件格式来渲染，那么该选项用来控制镜头效果是否影响图像的Alpha通道。
- 影响Z缓冲区：存储对象与摄影机的距离。
- 距离影响：控制摄影机或视口的距离对光晕效果的大小和强度的影响。
- 偏心影响：产生摄影机或视口偏心的效果。

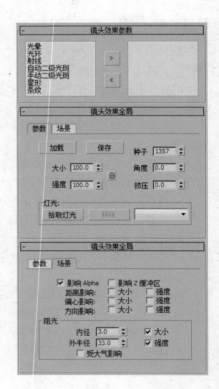

- 方向影响：聚光灯相对于摄影机的方向，影响其大小或强度。
- 内径：设置效果周围的内径，另一个场景对象必须与内径相交才能完全阻挡效果。
- 外半径：设置效果周围的外径，另一个场景对象必须与外径相交才能阻挡效果。
- 大小：减小所阻挡的效果的大小。
- 强度：减小所阻挡的效果的强度。
- 受大气影响：控制是否允许大气效果阻挡镜头效果。

7.3.2 模糊

该效果可以模拟多种模糊效果（均匀型、方向型和径向型），常用于创建梦幻或摄影机移动拍摄的效果。"模糊参数"卷展栏如右图所示。

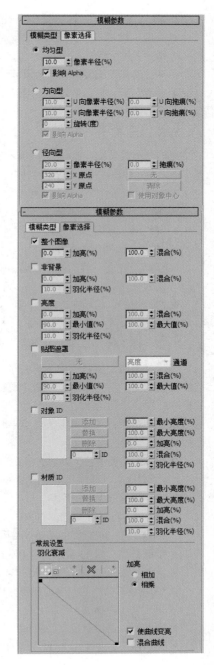

（1）均匀型

将模糊效果均匀应用在整个渲染图像中。

- 像素半径：设置模糊效果的半径。
- 影响Alpha：启用该选项时可以将均匀型模糊效果应用于Alpha通道。

（2）方向型

按照方向型参数在指定方向上应用模糊效果。

- U/V像素半径：设置模糊效果的水平/垂直强度。
- U/V向拖痕：通过为U/V轴的某一侧分配更大的模糊权重来为模糊效果添加方向。
- 旋转：通过U向像素半径和V向像素半径来应用模糊效果的U向像素和V向像素的轴。
- 影响Alpha：启用该选项时，可以将方向型模糊效果应用于Alpha通道。

（3）径向型

以径向的方式应用模糊效果。

- X/Y原点：对渲染输出的尺寸指定模糊的中心。
- 使用对象中心：启用该选项后，"无"按钮指定的对象将作为模糊效果的中心。

（4）整个图像

启用该选项后，模糊效果将影响整个渲染图像。

- 加亮：加亮整个图像。
- 混合：将模糊效果和整个图像参数与原始渲染图像进行混合。

（5）非背景

启用该选项后，模糊效果将影响背景图像或动画以外的所有元素。

（6）亮度

影响亮度值介于最小值和最大值微调器之间的所有像素。

（7）贴图遮罩

通过在材质/贴图浏览器中选择的通道和应用的遮罩来应用模糊。

（8）对象ID

如果对象匹配过滤器设置，会将模糊效果应用于对象或对象中具有特定对象ID的部分。

（9）材质ID

如果材质匹配过滤器设置，会将模糊效果应用于该材质或材质中具有特定材质效果通道的部分。

7.3.3 亮度和对比度

使用"亮度和对比度"可以调整图像的对比度和亮度，可以用来将渲染的场景物体匹配背景图像或动画，其参数设置面板如下图所示。

参数设置面板中各参数的含义介绍如下。

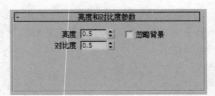

- 亮度：增加或减少所有原色（红色、绿色和蓝色）的亮度，取值范围为0~1。
- 对比度：压缩或扩展最大黑色和最大白色之间的范围。
- 忽略背景：是否将效果应用于除背景以外的所有元素。

7.3.4 色彩平衡

使用"色彩平衡"可以调整图像的色彩显示，通过在相邻像素之间填补过滤色，消除色彩之间强烈的反差，可以使对象更好地匹配到背景图像或背景动画上。其参数设置面板如下图所示。

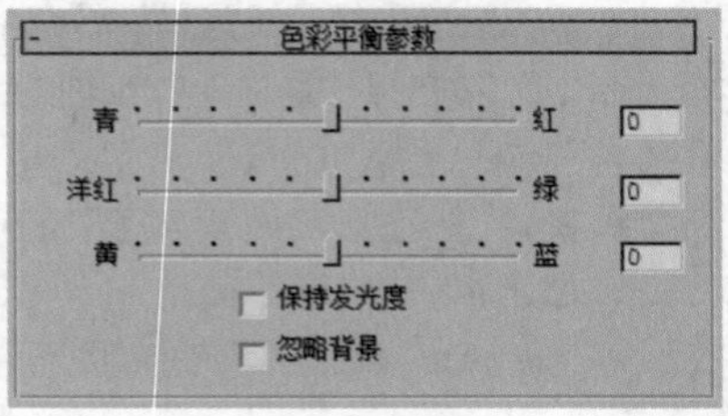

参数设置面板中各个参数的含义介绍如下。

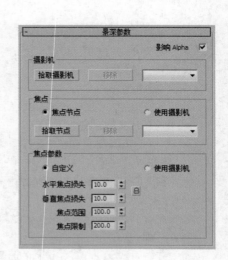

- 青/红：调整红色通道。
- 洋红/绿：调整绿色通道。
- 黄/蓝：调整蓝色通道。
- 保持发光度：启用该选项后，在修正颜色的同时将保留图像的发光度。
- 忽略背景：启用该选项后，可以在修正图像时不影响背景。

7.3.5 景深

景深是指通过摄影机镜头观看时，前景和背景场景元素出现的自然模糊效果。它的原理是根据离摄影机的远近距离分层进行不同的模糊处理，最后再合成一张图片。它限定了对象的聚焦点平面上的对象会很清晰，远离摄影机焦点平面的对象会变得模糊不清。其参数设置面板如右图所示。

参数设置面板中各个参数的含义介绍如下。

- 拾取/摄影机移除：单击该按钮，可直接在视图中拾取或移除应用景深效果的摄影机。
- 焦点节点：指定场景中的一个对象作为焦点所在位置，由此依据与摄影机之间的距离计算周围场景的焦散程度。
- 拾取节点：单击后在场景拾取对象，将对象作为焦点节点。
- 移除：去除列表框中选择的作为焦点节点的对象。
- 使用摄影机：使用当前在摄影机列表中选择的摄影机的焦距来定义焦点参照。
- 自定义：通过自定义焦点参数来决定景深影响。
- 使用摄影机：使用选择的摄影机来决定焦点范围、限制和模糊。

- 水平焦点损失：控制水平轴向模糊的数量。
- 垂直焦点损失：控制垂直轴向模糊的数量。
- 焦点范围：设置Z轴上的单位距离，在这个距离之外的对象都将被模糊处理。
- 焦点限制：设置Z轴上的单位距离，设置模糊影像的最大距离范围。

> **知识链接** **辨别景深参数**
>
> 这里的景深和摄影机参数里的景深设置不同，这里完全依靠Z通道的数据对最终的渲染图进行景深处理，所以速度很快。而摄影机中的景深完全依靠实物进行景深计算，计算时间会增加数倍。

7.3.6 文件输出

通过它可以输出各种格式的图像。在应用其他效果前将当前中间时段的渲染效果以指定的文件进行输出，这个功能和直接渲染输出的文件输出功能是相同的，支持相同类型的格式，其参数设置面板如右图所示。

参数设置面板中各个参数的含义介绍如下。

- 文件：单击该按钮可以打开"保存图像"对话框，在该对话框中可将渲染出来的图像保存为多种格式。
- 设备：单击该按钮可以打开"选择图像输出设备"对话框。
- 清除：单击该按钮可以清除所选择的任何文件或设备。
- 关于：单击该按钮可以显示出图像的相关信息。
- 设置：单击该按钮可以在弹出的对话框中调整图像的质量、文件大小和平滑度。

7.3.7 胶片颗粒

为渲染图像加入很多杂色的噪波点，模拟胶片颗粒的效果，也可以防止色彩输出监视器上产生的带状条纹，其参数设置面板如下图所示。

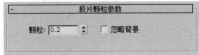

- 颗粒：设置添加到图像中的颗粒数，取值范围为0~1。
- 忽略背景：屏蔽背景，从而使颗粒仅应用于场景中的几何体对象。

7.3.8 运动模糊

这里的模糊主要针对场景中图像的运动模糊进行处理，增强渲染效果的真实感，模拟因相机快门打开过程中，拍摄对象出现相对运动而产生的模糊效果，多用于表现速度感。同时如果灯光发生运动，则会导致投影也产生模糊效果，只是这一点不易察觉。

- 处理透明：勾选该选项时，对象被透明对象遮挡仍进行运动模糊处理。
- 持续时间：控制快门速度延长的时间，值为1时快门在一帧和下一帧之间的时间内完全打开。

课后练习

一、选择题

1. 下列选项中，关于环境功能的描述不正确的是（　　）。

A. 在渲染场景的背景中使用图像
B. 设置环境光和环境光动画
C. 在场景中使用大气插件
D. 设置对象颜色和角色颜色动画

2. 下列选项中，不属于"曝光控制"卷展栏参数的是（　　）。

A. 活动
B. 效果预览
C. 处理背景与环境贴图
D. 预览缩略图

3. 大气效果是指环境大气的效果，下列（　　）不属于3ds Max的类型。

A. 火效果
B. 雾
C. 体积风
D. 体积雾

4. 下列选项中，关于景深参数设置面板中各选项的描述正确的是（　　）。

A. 单击拾取摄影机移除按钮，可在场景中拾取对象，将对象作为焦点节点
B. 单击拾取节点按钮可直接在视图中拾取或移除应用景深效果的摄影机
C. 焦点范围用于设置Z轴上的单位距离，在这个距离之外的对象都将被模糊处理
D. 焦点限制用于设置X轴上模糊影像的最大距离范围

二、填空题

1. 火效果可以向场景中添加任意数目的火焰效果，_____很重要。
2. 雾效果可以模拟距离摄影机越_____雾越_____的效果。
3. _____可以模拟光束、射线等效果。
4. 常用于创建梦幻或摄影机移动拍摄的效果是_____。
5. 模糊效果包括均匀型、方向型和_____等类型。

三、操作题

综合运用本章所学的知识，调整模型的亮度与色彩，参考效果如下图所示。

毛发技术

毛发是指各种带有毛发状的效果，比如人的头发、动物的皮毛、牙刷的毛刷、地毯等，这类效果几乎覆盖了我们生活的方方面面。而在 3ds Max 中也可以模拟这类效果，它不是普通的模型，是需要承载在模型上而进行"生长的"。本章将详细介绍毛发的相关知识及创建方法。

知识要点

① Hair和Fur（WSM）修改器
② VR毛发

上机安排

学习内容	学习时间
● Hair 和 Fur（WSM）修改器的应用	20分钟
● 制作草地模型	20分钟
● 制作地毯效果	20分钟

8.1 什么是毛发

现实中存在很多带有"毛发"的物体，我们的头发、玩偶玩具等。这些看似精细的模型效果，在3ds Max中都可以轻松地模拟出来。毛发系统也是3ds Max制作游戏动画中非常重要的一个部分。在3ds Max中默认的毛发工具是Hair和Fur（WSM）修改器，当然在安装VRay渲染器后，也可以找到VR毛皮。因此在3ds Max中有两种毛发，分别是Hair和Fur（WSM）修改器以及VR毛皮。

Hair和Fur（WSM）修改器的参数非常多，卷展栏有十多个，但是都比较简单，只需要手动设置一下某个参数，就可以发现其作用。下左图所示为Hair和Fur（WSM）修改器的参数，下右图所示为VR毛皮对象的参数。

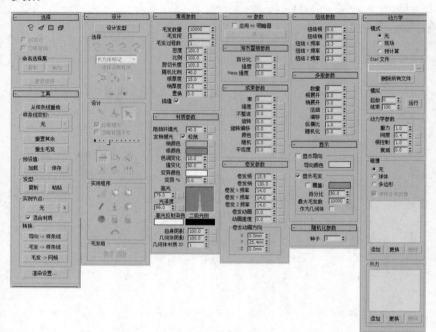

从外观来看，Hair和Fur（WSM）修改器和VR毛皮对象是有一些区别的。下左图所示为Hair和Fur（WSM）修改器的毛发效果。下右图所示为VR毛皮对象的毛发效果。

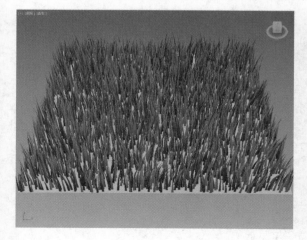

8.2 Hair和Fur（WSM）修改器

Hair和Fur（WSM）是3ds Max中的一个修改器，专门用来模拟制作毛发的效果，功能非常强大，不仅可以制作静态的毛发，还可以模拟真实的毛发运动。

8.2.1 选择

"选择"卷展栏提供了各种工具，用于访问不同的子对象层级和显示设置，以及创建与修改选定内容，此外还显示了与选定实体有关的信息，如下图所示。

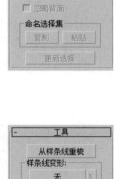

- 导向：子对象层级，单击该按钮后，将启用"设计"卷展栏中的"设计发型"按钮。
- 面、多边形、元素：可以分别选择三角形面、多边形、元素对象。
- 按顶点：启用该选项，只需要选择子对象的顶点就可以选中子对象。
- 忽略背面：启用该选项，选择子对象时只影响面对着用户的面。
- 命令选择集：可用来复制粘贴选择集。

8.2.2 工具

该卷展栏提供了使用"毛发"完成各种任务所需的工具，包括从现有样条线对象创建发型，重置毛发，以及为修改器和特定发型加载并保存一般预设，如右图所示。

- 从样条线重梳：使用样条线来设计毛发样式。
- 样条线变形：可以允许用线来控制发型与动态效果。
- 重置其余：在曲面上重新分布头发的数量，以得到较为均匀的效果。
- 重生毛发：忽略全部样式信息，将毛发复位到默认状态。
- 加载、保存：加载、保存预设的毛发样式。
- 无：如果要指定毛发对象，可以单击该按钮，然后选择要使用的对象。
- X：如果要停止使用实例节点，可以单击该按钮。
- 混合材质：启用该选项后，应用于生长对象的材质以及应用于毛发对象的材质将合并为单一的多子对象材质，并应用于生长对象。
- 导向→样条线：将所有导向复制为新的单一样条线对象。
- 毛发→样条线：将所有毛发复制为新的单一样条线对象。
- 毛发→网格：将所有毛发复制为新的单一网格对象。

8.2.3 设计

使用"Hair和Fur"修改器的"导向"子对象层级，可以在视口中交互地设计发型。交互式发型控件位于"设计"卷展栏中。该卷展栏提供了"设计发型"按钮，如下图所示。

- 设计发型：单击该按钮可以设计毛发的发型。
- 由头梢选择头发、选择全部顶点、选择导向顶点、由根选择导向：选择毛发的方式，用户可按实际需求来选择。
- 反选、轮流选、扩展选定对象：指定选择对象的方式。
- 隐藏选定对象、显示隐藏对象：隐藏或显示选定的导向毛发。
- 发梳：在该模式下，可以通过拖曳光标来梳理毛发。
- 剪毛发：在该模式下可以修剪导向毛发。

- 选择：单击该模式可以进入选择模式。
- 距离褪光：启用该选项时，边缘产生褪光现象，得到柔和的边缘效果。
- 忽略背面毛发：启用该项后背面的头发将不受画刷影响。
- 画刷大小滑块：通过拖动滑块来改变画刷的大小。
- 平移、站立、蓬松发根：进行平移、站立、蓬松发根的操作。
- 丛：强制选定的导向之间相互更加靠近或更加分散。
- 旋转：以光标位置为中心来旋转导向毛发的顶点。
- 比例：执行放大或缩小操作。
- 衰减：将毛发长度制作成衰减的效果。
- 重梳：使用引导线对毛发进行梳理。
- 重置剩余：使用生长网格的连接性执行头发导向平均化。使用"重梳"之后，此功能特别有用。
- 锁定/解除锁定：锁定或解锁导向毛发。
- 拆分选定毛发组/合并选定毛发组：将毛发拆分或合并。

8.2.4 常规参数

该卷展栏允许在根部和梢部设置毛发数量和密度、长度厚度以及其他各种综合参数，其参数面板如右图所示。

- 毛发数量、毛发段：设置生成的毛发总数、每根毛发的分段。
- 毛发过程数：设置毛发过程数。
- 密度、比例：设置毛发的密度及缩放比例。
- 剪切长度：设置将整体的毛发长度进行缩放的比例。
- 随机比例：设置渲染毛发时的随机比例。
- 根厚度、梢厚度：设置发根的厚度及发梢的厚度。
- 置换：设置毛发从根到生长对象曲面的置换量。

8.2.5 材质参数

该卷展栏上的参数均应用于由Hair生成的缓冲渲染毛发。如果是几何体渲染的毛发，则毛发颜色派生自生长对象，参数面板如右图所示。

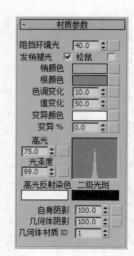

- 阻挡环境光：在照明模型时，控制环境或漫反射对模型影响的偏差。
- 发梢褪光：开启该选项后，毛发将朝向发梢而产生淡出到透明的效果。
- 梢/根颜色：设置距离生长对象曲面最远或最近的毛发梢部的颜色。
- 色调/值变化：设置毛发颜色或亮度的变化量。
- 变异颜色：设置变异毛发的颜色。
- 变异%：设置接受"变异颜色"的毛发的百分比。
- 高光：设置毛发上高亮显示的亮度。
- 光泽度：设置毛发上高亮显示的相对大小。
- 高光反射染色：设置反射高光的颜色。
- 自身阴影：设置自身阴影的大小。
- 几何体阴影：设置毛发从场景中的几何体接收到的阴影的量。

8.2.6 纽结、多股参数

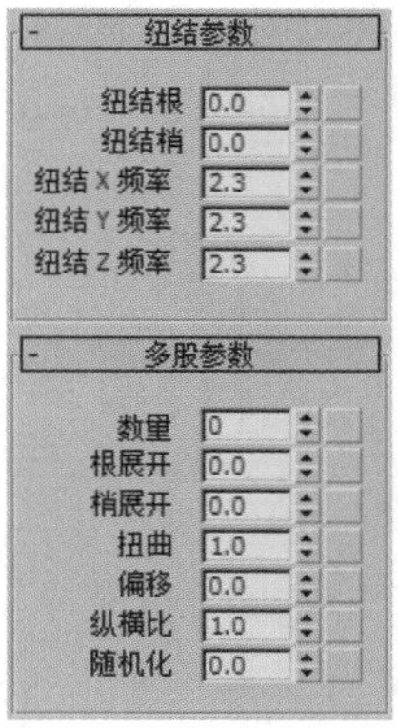

纽结、多股参数可以控制毛发的扭曲、多股分支效果，右图所示为参数面板。

- 纽结根/梢：设置毛发在其根部/梢部的纽结置换量。
- 纽结X/Y/Z频率：设置在3个轴中的纽结频率。
- 数量：设置每个聚集块的头发数量。
- 根展开：设置为根部聚集块中的每根毛发提供的随机补偿量。
- 梢展开：设置为梢部聚集块中的每根毛发提供的随机补偿量。
- 随机化：设置随机处理聚集块中的每根毛发的长度。

8.2.7 海市蜃楼、成束、卷发参数

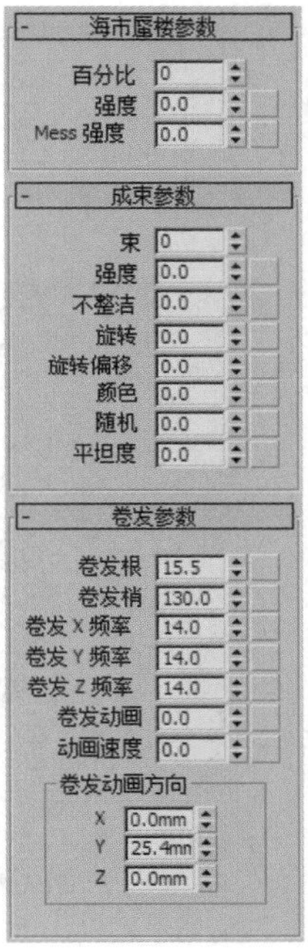

海市蜃楼、成束、卷发参数可以控制毛发是否产生束状、卷曲等效果，其参数面板如右图所示。

- 百分比：控制海市蜃楼的百分比。
- 强度：控制海市蜃楼的强度。
- 束：相对于总体毛发数量，设置毛发束数量。
- 强度：强度越大，束中各个梢彼此之间的吸引越强。
- 不整洁：值越大，越不整洁地向内弯曲束，每个束的方向是随机的。
- 旋转：扭曲每个束。
- 旋转偏移：从根部偏移束的梢。较高的"旋转"和"旋转偏移"值使束更卷曲。
- 颜色：非零值可改变束中的颜色。
- 随机：控制随机的效果。
- 平坦度：控制平坦的程度。
- 卷发根：设置头发在其根部的置换量。
- 卷发梢：设置头发在其梢部的置换量。
- 卷发X/Y/Z频率：控制在3个轴中的卷发频率。
- 卷发动画：设置波浪运动的幅度。
- 动画速度：设置动画噪波场通过空间时的速度。
- 卷发动画方向：设置卷发动画的方向向量。

进阶案例 **制作草地**

通过前面小节对"Hair 和 Fur"修改器的学习和了解，下面将带领用户利用该修改器制作一个花盆里的小草效果。

01 打开素材文件，切换到透视视图，如右图所示。

02 渲染透视视图，效果如右图所示。

03 选择花盆中的土壤模型，如下图所示。

04 在修改器列表中选择Hair和Fur修改器，默认效果如下图所示，所制作出的毛发颜色与土壤本身材质颜色相同。

05 设置"常规参数"卷展栏、"材质参数"卷展栏、"卷发参数"卷展栏以及"多股参数"卷展栏中的各项参数，如下图所示。

06 调整参数后的效果如下图所示。

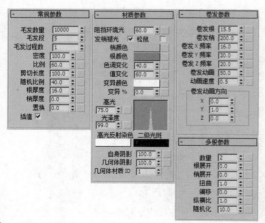

07 最终渲染模型并将其应用到场景中，效果如右图所示。

8.3 VR毛皮对象

　　VR毛皮是VRay渲染器附带的工具，因此在使用之前一定要查看一下是否成功安装了VRay渲染器。VR毛皮可以模拟多种毛发的效果，其参数更为直观、简单，常用来模拟制作地毯、草地、皮毛等毛发效果。

　　使用VR毛皮之前首先要将VRay渲染器设置为默认渲染器，如下左图所示，之后在创建命令面板中即会出现VRay创建面板，从中单击"VR-毛皮"按钮即可，如下右图所示。

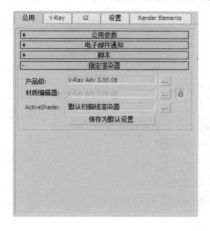

8.3.1 参数

　　"参数"卷展栏如下图所示，其中各参数含义介绍如下。

- 源对象：指定需要添加毛发的物体。
- 长度：设置毛发的长度。
- 厚度：设置毛发的厚度。该选项只有在渲染时才会看到变化。
- 重力：控制毛发在Z轴方向被下拉的力度，也就是通常所说的重量。
- 弯曲：设置毛发的弯曲程度。
- 锥度：用来控制毛发锥化的程度。
- 边数：用于开发多边形的毛发，目前这个参数不可用。

- 结数：用来控制毛发弯曲时的光滑程度。
- 平面法线：这个选项用来控制毛发的呈现方式。
- 方向参量：控制毛发在方向上的随机变化。
- 长度参量：控制毛发长度的随机变化。
- 厚度参量：控制毛发粗细的随机变化。
- 重力参量：控制毛发受重力影响的随机变化。
- 每个面：用来控制每个面产生的毛发数量，因为物体的每个面不都是均匀的，所以渲染出来的毛发也不均匀。
- 每区域：用来控制每单位面积中的毛发数量。
- 参考帧：指定源物体获取到计算面大小的帧，获取的数据贯穿整个动画。

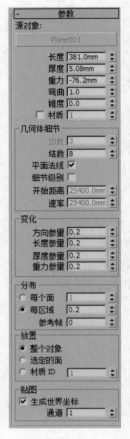

8.3.2 贴图

展开"贴图"卷展栏，如右图所示，其中各参数含义介绍如下。

- 基础贴图通道：选择贴图的通道。
- 弯曲方向贴图（RGB）：用彩色贴图来控制毛发的弯曲方向。
- 初始方向贴图（RGB）：用彩色贴图来控制毛发根部的生长方向。
- 长度贴图（单色）：用灰度贴图来控制毛发的长度。
- 厚度贴图（单色）：用灰度贴图来控制毛发的粗细。
- 重力贴图（单色）：用灰度贴图来控制毛发受重力的影响。
- 弯曲贴图（单色）：用灰度贴图来控制毛发的弯曲程度。
- 密度贴图（单色）：用灰度贴图来控制毛发的生长密度。

8.3.3 视口显示

展开"视口显示"卷展栏，如右图所示，其中各参数含义介绍如下。

- 视口预览：当勾选该选项时，可以在视口中预览毛发的大致情况。
- 自动更新：当勾选该选项时，改变毛发参数的时候，系统会在视图中自动更新毛发的显示情况。
- 手动更新：单击该按钮可以手动更新毛发在视图中的显示情况。

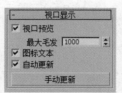

进阶案例 制作地毯效果

本进阶案例中，将利用前面所学的知识模仿制作一块地毯，其具体的操作过程介绍如下。

01 打开素材模型，如下图所示。

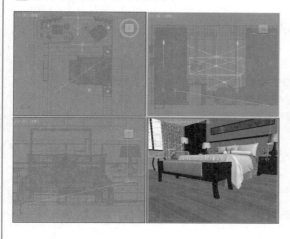

02 渲染摄影机视口，效果如下图所示。

03 在顶视图中创建一个半径为1000、高度为10的圆柱体作为地毯，如下图所示。

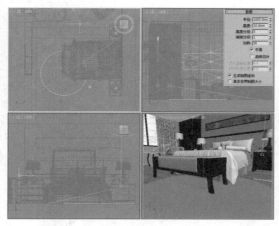

04 在VRay创建面板中单击"VR-皮毛"按钮，为地毯添加毛发，如下图所示。

05 设置长度、厚度以及"变化"选项组中的各项参数，再调整VR毛皮的颜色，如下图所示。

06 渲染摄影机视口，最终效果如下图所示。

课后练习

一、选择题

1. 下列（   ）卷展栏允许在根部和梢部设置毛发数量和密度、长度厚度以及其他各种综合参数。

A. 选择　　　　　　　　B. 设计　　　　　　　　C. 常规参数　　　　　D. 工具

2. 下列选项中不属于"材质参数"展卷栏选项的为（   ）。

A. 设计发型　　　　　　B. 高光　　　　　　　　C. 自身阴影　　　　　D. 变异颜色

3. 下列描述中，不正确的是（   ）。

A. Hair和Fur（WSM）修改器不仅可以制作静态的毛发，还可模拟真实的毛发运动

B. VR毛皮是VRay渲染器附带的工具，在使用之前应确保成功安装VRay渲染器

C. 从外观来看，Hair和Fur（WSM）修改器和VR毛皮对象是完全一样的

D. 使用Hair和Fur修改器的"导向"子对象层级，可以在视口中交互地设计发型

4. 下列选项中，（   ）不属于"贴图"展卷栏的参数。

A. 弯曲方向贴图　　　　B. 最终方向贴图　　　　C. 长度贴图　　　　　D. 重力贴图

二、填空题

1. _____修改器是专门用来模拟制作毛发效果的。

2. 可以控制毛发的扭曲、多股分支效果的参数是_____。

3. 海市蜃楼、成束、卷发参数可以控制毛发是否产生_____等效果。

4. _____用于控制毛发粗细的随机变化。

5. _____卷展栏上的参数均应用于由Hair生成的缓冲渲染毛发。

三、操作题

利用本章所学的知识，使用VR毛皮对象为场景创建地毯造型，效果如下图所示。

09

粒子系统与空间扭曲

粒子系统与空间扭曲工具都是动画制作中非常有用的特效工具。粒子系统可以模拟自然界中真实的烟、雾、飞溅的水花、星空等效果。空间扭曲可以通过多种奇特的方式来影响场景中的对象，如产生引力、风吹、涟漪等特殊效果。通过本章的学习，读者可以掌握相关的制作技巧。

知识要点

① 粒子系统的使用
② 常用空间扭曲工具的使用

上机安排

学习内容	学习时间
● 制作飘雪效果	25分钟
● 制作花朵纷飞效果	25分钟

9.1 粒子系统

3ds Max的粒子系统是一种很强大的动画制作工具，可以通过设置粒子系统来控制密集对象群的动画效果，常用于各种动画任务，例如创建火焰、暴风雪、雨、水流或爆炸等效果，如下图所示。

粒子系统共包含7种粒子，分别是粒子流源、喷射、超级喷射、雪、暴风雪、粒子阵列和粒子云，如下图所示。粒子系统通常又分为基本粒子系统和高级粒子系统，其中粒子流源、喷射和雪属于基本粒子系统，其他属于高级粒子系统。

下面将对创建粒子系统的方法进行介绍。

第一步，创建一个粒子发射器。单击要创建的粒子类型，在视图窗口中拖拉出一个粒子发射器。有的用粒子系统图标，有的直接用场景中的物体作为发射器。

第二步，定义粒子的数量。设置粒子发射的速度、开始发射粒子以及粒子寿命等参数在给定时间内粒子的数量。

第三步，设置粒子的形状和大小。可以从标准粒子类型中选择，也可以拾取场景中的对象作为一个粒子。

第四步，设置初始的粒子运动。主要包括粒子发射器的速度、方向、旋转和随机性。粒子还受到粒子发射器动画的影响。

第五步，修改粒子的运动。可以在粒子离开发射器之后，使用空间扭曲来影响粒子的运动。

9.1.1 粒子流源

粒子流源系统是一种时间驱动型的粒子系统，它可以自定义粒子的行为，设置寿命、碰撞和速度等测试条件，每一个粒子根据其测试结果会产生相应的转台和形状。也就是说，它生成的粒子状态可以由其他事件引发而进行改变，这个特性大大地增强了粒子系统的可控性。从效果上来说，它可以制作出千变万化、真实异常的粒子喷射场景。

粒子流源的参数设置面板如下图所示。

- 启用粒子发射：勾选该复选框后，系统中设置的粒子视图才发生作用。
- 粒子视图按钮：单击该按钮可以打开粒子视图对话框。
- 徽标大小：用于设置显示在源图标中心的粒子流徽标的大小，以及指示粒子运动的默认方向的箭头。
- 图标类型：主要用来设置图标在视图中的显示方式，有长方形、长方体、圆形和球体4种方式，默认为长方形。
- 长度：当图标类型设置为长方形或长方体时，显示的是长度参数；当图标类型设置为圆形或球体时，显示的是直径参数。

- 宽度：用来设置长方形和长方体图标的宽度。
- 高度：用来设置长方体图标的高度。
- 显示：主要用来控制是否显示标志或图标。
- 视口%：主要用来设置视图中显示的粒子数量，该参数的值不会影响最终渲染的粒子数量，其取值范围为0~10000。
- 渲染%：主要用来设置最终渲染的粒子的数量百分比，该参数的大小会直接影响到最终渲染的粒子数量，其取值范围为0~10000。
- 上限：用来限制粒子的最大数量。

9.1.2 喷射

喷射粒子是最简单的粒子系统，但是如果充分掌握喷射粒子系统的使用，我们同样可以创建出许多特效，比如喷泉、降雨等效果。其参数设置面板如右图所示。

- 视口/渲染计数：设置视图中显示的最大粒子数量/最终渲染的数量。
- 水滴大小：设置粒子的大小。
- 速度：设置每个粒子离开发射器时的初始速度。
- 变化：控制粒子初始速度和方向。
- 水滴/圆点/十字叉：设置粒子在视图中的显示方式。
- 四面体/面：将粒子渲染为四面体/面。
- 开始：设置第1个出现的粒子的帧的编号。
- 寿命：设置每个粒子的寿命。
- 出生速率：设置每一帧产生的新粒子数。
- 恒定：启用该选项后，"出生速率"选项将不可用，此时的"出生速率"等于最大可持续速率。
- 宽度/长度：设置发射器的长度和宽度。
- 隐藏：启用该选项后，发射器将不会显示在视图中。

9.1.3 雪

雪粒子系统主要用于模拟下雪和乱飞的纸屑等柔软的小片物体。其参数与喷射粒子很相似，区别在于雪粒子有自身的运动。换句话说，雪粒子在下落的过程中可自身不停地翻滚，而喷射粒子是没有这个功能的。

雪粒子系统不仅可以用来模拟下雪，还可以将多维材质指定给它，从而产生五彩缤纷的碎片落下的效果，常用来增添节日气氛。其参数设置面板如右图所示。

- 雪花大小：设置粒子的大小。
- 翻滚：设置雪花粒子的随机旋转量。
- 翻滚速率：设置雪花的旋转速度。
- 雪花/圆点/十字叉：设置粒子在视图中的显示方式，可分别设置雪粒子的形状为雪花形状、圆点形状或者十字叉形状。
- 六角形：将粒子渲染为六角形。
- 三角形：将粒子渲染为三角形。
- 面：将粒子渲染为正方形面。

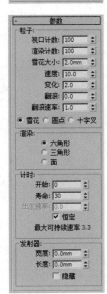

进阶案例 制作飘雪效果

本案例中将利用雪粒子来制作飘雪的场景，操作步骤介绍如下。

01 启动3ds Max 2016，按数字8键打开"环境和效果"窗口，为背景添加位图贴图，如下图所示。

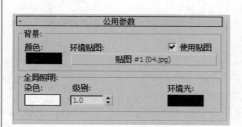

02 所添加的位图贴图如下图所示。

03 打开材质编辑器，将添加的位图贴图实例复制到材质编辑器的空白材质球上，在"坐标"卷展栏中设置贴图显示模式为屏幕，其余设置保持默认，如下图所示。

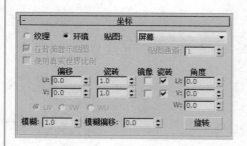

04 渲染场景，效果如下图所示。

05 在粒子系统创建面板中单击"雪"按钮，在视图中创建一个发射器，如下图所示。

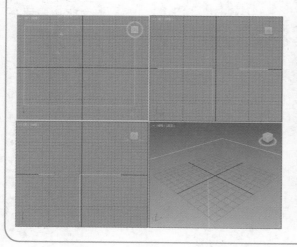

06 设置雪粒子相关参数，如下图所示。

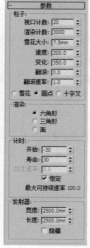

07 设置后的雪粒子形态发生了改变，如下图所示。

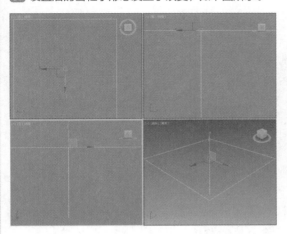

08 渲染场景，效果如下图所示。

09 在材质编辑器中选择一个空白材质球，然后设置环境光颜色以及漫反射颜色，再设置自发光值，如下图所示。

10 在"贴图"卷展栏中为漫反射通道和不透明度通道添加相同的衰减贴图，然后设置不透明度，如下图所示。

11 进入"衰减参数"卷展栏，设置衰减颜色，如下图所示。

12 衰减颜色参数设置如下图所示。

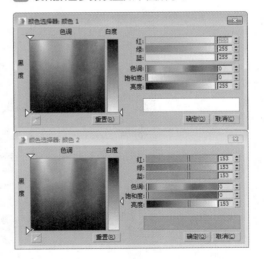

13 进入混合曲线设置面板，右击角点，将其切换为 "Bezier- 角点"，如下图所示。

14 通过控制柄调整曲线，如下图所示。

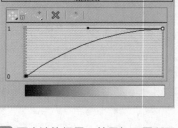

角点
Bezier-平滑
✓ Bezier-角点

15 设置好的材质球效果如下图所示。

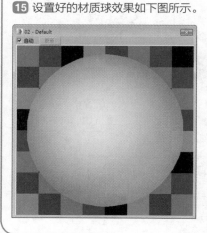

16 再次渲染场景，效果如下图所示。

9.1.4 超级喷射

超级喷射是喷射的增强粒子系统，可以提供准确的粒子流。它与喷射粒子的参数基本相同，不同之处在于喷射粒子会自动从图标的中心喷射而出，而超级喷射并不需要发射器。超级喷射常用来模仿大量的群体运动，电影中常见的奔跑的恐龙群、成群的蚂蚁等都可以用此粒子系统制作。其参数设置面板如下图所示。

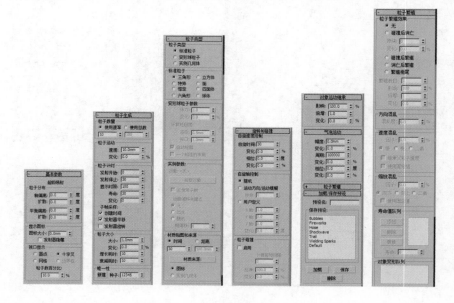

超级喷射、暴风雪、粒子阵列和粒子云都属于高级粒子系统，其参数设置面板都比较类似，在此以超级喷射粒子系统为例，对各卷展栏中参数作用进行介绍。

1."基本参数"卷展栏

- 轴偏离：设置粒子喷射方向沿X轴所在平面偏离Z轴的角度，以产生斜向喷射效果。
- 扩散：设置粒子远离发射向量的扩散量。
- 平面偏离：设置粒子喷射方向偏离发射平面的角度，下方的扩散编辑框用于设置粒子从发射平面散开的角度，以产生空间喷射效果。

2."粒子生成"卷展栏

- 使用速率：指定每一帧发射的固定粒子数。
- 使用总数：指定在寿命范围内产生的总粒子数。
- 发射开始/停止：这两个编辑框用于设置粒子系统开始发射粒子的时间和结束发射粒子的时间。
- 速度：设置粒子在发出时沿法线的速度。
- 变化：设置每个粒子的发射速度应用的变化百分比。
- 显示时限：设置所有粒子将要消失的帧。
- 子帧采样：该区中的复选框用于避免产生粒子堆积现象。其中，创建时间用于避免粒子生成时间间隔过低造成的粒子堆积；发射器平移用于避免平移发射器造成的粒子堆积；发射器旋转用于避免旋转发射器造成的粒子堆积。
- 变化：设置每个粒子的寿命可以从标准值变化的帧数。
- 大小：根据粒子的类型来指定所有粒子的目标大小。
- 增长耗时/衰减耗时：设置粒子由0增长到最大或由最大衰减到0所需的时间。
- 种子：设置特定的种子值。

3."粒子类型"卷展栏

- 粒子类型：该区中的参数将用于设置粒子的类型。
- 标准粒子：该选区中的单选按钮用于设置标准粒子的渲染方式。
- 变形球粒子参数：该区中的参数用于设置变形球粒子渲染时的效果。
- 实例参数：利用该区中的参数可指定一个物体作为粒子的渲染形状。
- 材质贴图和来源：该区中的参数用于设置粒子系统使用的贴图方式和材质来源。

4."旋转和碰撞"卷展栏

- 自旋时间/变化：设置粒子自旋一周所需的帧数，以及各粒子自旋时间随机变化的最大百分比。
- 相位/变化：设置粒子自旋转的初始角度，以及各粒子自旋转初始角度随机变化的最大百分比。
- 自旋轴控制：该区中的参数用于设置各粒子自转轴的方向。
- 粒子碰撞：该区中的参数用于设置粒子间的碰撞效果。

5."对象运动继承"卷展栏

当粒子发射器在场景中运动时，生成粒子的运动将受其影响。卷展栏中的参数用于设置具体的影响程度。
- 影响：设置影响程度。
- 倍增：用于增加这种影响的程度。
- 变化：用于设置倍增值随机变化的最大百分比。

6."气泡运动"卷展栏

- 振幅：表示粒子因气泡运动而偏离正常轨迹的幅度。

- 周期：用于设置粒子完成一次摇摆晃动所需的时间。
- 相位：用于设置粒子摇摆的初始相位。

7."粒子繁殖"卷展栏

- 粒子繁殖效果：该区中的参数用于设置粒子在消亡或导向器碰撞后是否繁殖新的粒子。
- 混乱度：设置繁殖生成新粒子的运动方向相对于原始粒子运动方向随机变化的最大百分比。
- 速度混乱：该区中的参数用于设置繁殖生成新粒子运动速度的变化程度。
- 缩放混乱：该区中的参数用于设置繁殖生成新粒子的大小相对于原始粒子大小的缩放变化程度。
- 寿命值队列：该区中的参数用于设置繁殖生成新粒子的寿命。
- 对象变形列表：该区中的参数用于设置繁殖生成新粒子的形状。

进阶案例 制作花朵纷飞的效果

本案例将利用超级喷射粒子来制作花朵纷飞的效果，操作步骤如下。

01 打开素材场景文件，如下图所示。

02 在视图中创建一个超级喷射粒子，如下图所示。

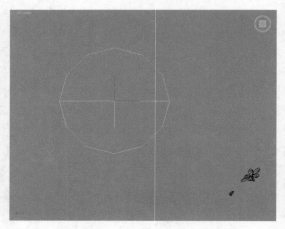

03 在"基本参数"卷展栏、"粒子生成"卷展栏、"粒子类型"卷展栏中分别设置参数，如下图所示。

04 在"粒子类型"卷展栏下方单击"拾取对象"按钮，在视图中单击选择树叶模型，如下图所示。

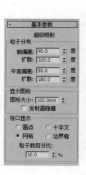

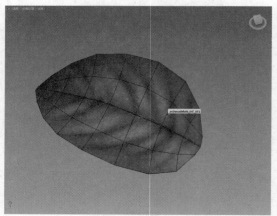

05 渲染场景，效果如下图所示。

06 复制超级喷射粒子发射器，然后调整角度，如下图所示。

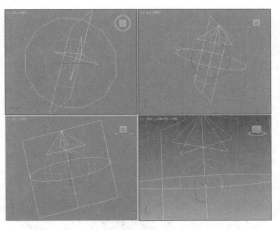

07 单击"拾取对象"按钮，在视图中单击选择花朵模型。再次进行渲染，效果如下图所示。

08 按M键打开材质编辑器，选择一个空白材质球，设置为VRayMtl材质，在"贴图"卷展栏中为漫反射通道和凹凸通道分别添加位图贴图，如下图所示。

09 漫反射通道以及凹凸通道添加的位图贴图如下图所示。

10 设置反射颜色及参数，如下图所示。

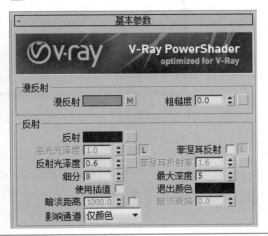

11 设置好的树叶材质球效果如下图所示。

12 再选择一个空白材质球，设置为VRayMtl材质，为漫反射通道添加位图贴图，其余设置保持默认，设置好的花材质球效果如下图所示。

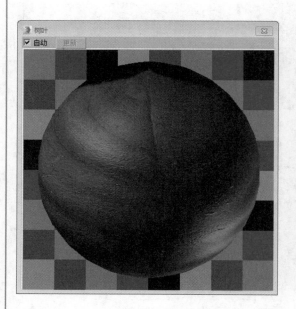

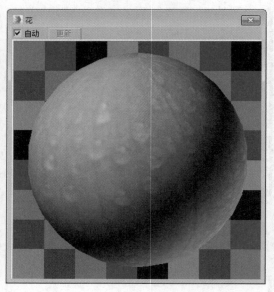

13 最后调整视角，再次对场景进行渲染，即可看到花瓣飞舞的效果，如下图所示。

9.1.5 暴风雪

　　顾名思义，暴风雪粒子系统是很猛烈的降雪。从表面上看，它不过是比雪粒子在强度上要大一些，但是从参数上看，它比雪粒子要复杂得多。参数复杂主要在于对粒子的控制性更强，从运用效果上看，可以模拟的自然现象也更多，更为逼真，不仅可用于普通雪的制作，还可以表现火花迸射、气泡上升、开水沸腾、漫天飞花、烟雾升腾等特殊效果。其参数设置面板如下图所示。

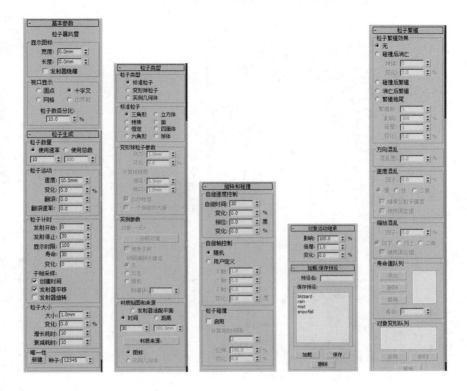

9.1.6 粒子阵列

粒子阵列同暴风雪一样，也可以将其他物体作为粒子物体，选择不同的粒子物体，用户可以利用粒子阵列轻松地创建出气泡上升、碎片四溅或者熔岩翻腾等特效。

粒子阵列参数设置面板如下图所示。

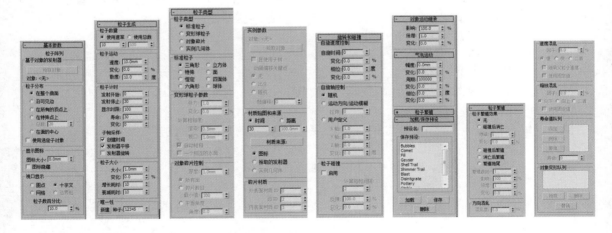

粒子阵列系统的创建方法与超级喷射粒子系统类似，在此不多做介绍。

9.1.7 粒子云

粒子云适合创建云雾，其参数与粒子阵列基本类似，只在粒子种类上有一些变化。系统默认的粒子云系统是静态的，若想让设计的云雾动起来，可通过调整一些参数来录制动画。粒子云参数设置面板如下图所示。

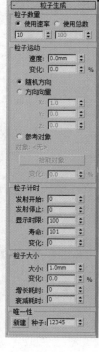

9.2 空间扭曲

空间扭曲工具是3ds Max系统提供的一个外部插入工具，通过它可以影响视图中移动的对象以及对象周围的三维空间，最终影响对象在动画中的表现。3ds Max中的空间扭曲工具共包括5种，分别是力、导向器、几何/可变形、基于修改器以及粒子和动力学。

空间扭曲看起来有些像修改器，但是空间扭曲影响的是世界坐标，而修改器影响的是物体自身的坐标。当用户创建一个空间扭曲物体时，在视图中显示的是一个线框符号，可以像别的物体一样对空间扭曲的符号进行变形处理，这些变形都可以改变空间扭曲的作用效果。

创建空间扭曲的方法介绍如下。

首先，单击创建命令面板中"空间扭曲"按钮，在下拉列表中选择合适的类别。

然后单击要创建的空间扭曲工具按钮。

最后，在视图中拖动鼠标，即可生成一个空间扭曲工具图标。

9.2.1 力

力空间扭曲主要是用来控制粒子系统中粒子的运动情况，或者为动力学系统提供运动的动力。力空间扭曲主要包括推力、马达、漩涡、阻力、粒子爆炸、路径跟随、重力、风和置换9种类型，如右图所示。

1. 推力

推力可以为粒子系统提供正向或负向的均匀单向力，其参数设置面板如下图所示。

● 开始时间/结束时间：空间扭曲效果开始和结束时所在的帧编号。

- 基本力：空间扭曲施加的力的量。
- 牛顿/磅：该选项用来指定基本力微调器使用的力的单位。
- 启用反馈：打开该选项时，力会根据受影响粒子相对于指定目标速度的速度而变化。
- 可逆：打开该选项时，若粒子速度超出目标速度设置，力会发生逆转。
- 目标速度：以每帧的单位数指定反馈生效前的最大速度。
- 增益：指定以何种速度调整力以达到目标速度。
- 周期 1：噪波变化完成整个循环所需的时间。
- 幅度 1：变化强度。该选项使用的单位类型和基本力微调器相同。
- 相位 1：偏移变化模式。
- 周期 2：提供额外的变化模式来增加噪波。
- 启用：打开该选项时，会将效果范围限制为一个球体，其显示为一个带有3个环箍的球体。
- 范围：以单位数指定效果范围的半径。
- 图标大小：设置推力图标的大小。

2. 马达

马达空间扭曲的工作方式类似于推力，但前者对受影响的粒子或对象应用的是转动扭矩而不是定向力，马达图标的位置和方向都会对围绕其旋转的粒子产生影响。其参数设置面板如右图所示。

- 开始时间/结束时间：空间扭曲效果开始和结束时所在的帧编号。
- 基本扭矩：设置空间扭曲对物体施加的力的量。
- N-m/Lb-ft/Lb-in（牛顿-米/磅力-英尺/磅力-英寸）：指定基本扭矩的度量单位。
- 启用反馈：启用该选项后，力会根据受影响粒子相对于指定目标的转速而发生变化；若关闭该选项，不管受影响对象的速度如何，力都保持不变。
- 可逆：开启该选项后，若对象速度超出了目标转速，那么力会发生逆转。
- 目标转速：指定反馈生效前的最大转数。
- RPH/RPM/RPS（每小时/每分钟/每秒）：以每小时、每分钟或每秒的转数来指定目标转速的度量单位。
- 增益：指定以何种速度来调整力，以达到目标转速。
- 周期1：设置噪波变化完成整个循环所需时间，如20表示每20帧循环一次。

3. 漩涡

漩涡可以将力应用于粒子，使粒子在急转的漩涡中进行旋转，然后让它们向下移动成一个长而窄的喷流或漩涡井，常用来创建黑洞、涡流和龙卷风效果。其参数设置面板如下图①所示。

4. 阻力

阻力是一种在指定范围内按照指定量来降低粒子速率的粒子运动阻尼器。应用阻尼的方式可以是线形、球形或圆柱形，如下图②所示。

5. 粒子爆炸

可以应用于粒子系统和动力学系统，以产生粒子爆炸效果，或者为动力学系统提供爆炸冲击力。其参数设置面板如下图③所示。

6. 路径跟随

路径跟随可以强制粒子沿指定的路径进行运动。路径通常为单一的样条线，也可以是具有多条样条线的图形，但粒子只会沿着其中一条样条线曲线进行运动。其参数设置面板如下图④所示。

7. 置换

置换是以力场的形式推动和重塑对象的几何外形，对几何体和粒子系统都会产生影响。其参数设置面板如下图⑤所示。

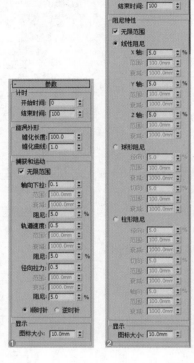

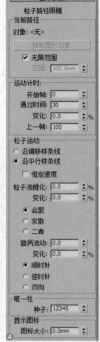

8. 风

风用于模拟风吹对粒子系统的影响，粒子在顺风的方向加速运动，在迎风的方向减速运动。其参数面板如右图①所示。

9. 重力

重力可以用来模拟粒子受到的自然重力。重力具有方向性，沿重力箭头方向的粒子为加速运动，沿重力箭头逆向的粒子为减速运动。其参数设置面板如右②图所示。

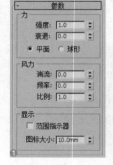

9.2.2 导向器

导向器可以应用于粒子系统或者动力学系统，以模拟粒子或物体的碰撞反弹动画。3ds Max中为用户提供了6种类型的导向器，泛方向导向器、泛方向导向球、全泛方向导向、全导向器、导向球、导向板，如右图所示。

- 泛方向导向板是空间扭曲的一种平面泛方向导向器类型。它能提供比原始导向器空间扭曲更强大的功能，包括折射和繁殖能力。

- 泛方向导向球是空间扭曲的一种球形泛方向导向器类型。它提供的选项比原始的导向球更多。
- 全泛方向导向可以使用指定物体的任意表面作为反射和折射平面，且物体可以是静态物体、动态物体或随时间扭曲变形的物体。需要注意的是，该导向器只能应用于粒子系统，并且粒子越多，指定物体越复杂，该导向器越容易发生粒子泄露。
- 全导向器可以使用指定物体的任意表面作为反应面，但是只能应用于粒子系统，且粒子撞击反应面时只有反弹效果。
- 导向球空间扭曲起着球形粒子导向器的作用。
- 导向板空间扭曲可以模拟反弹、静止等效果（比如雨滴滴落并弹起）。

9.2.3 几何/可变形

几何/可变形空间扭曲主要用于使三维对象产生变形效果，以制作变形动画。比较常用的几何/可变形空间扭曲有FFD（长方体）、FFD（圆柱体）、波浪、涟漪、置换、一致、爆炸7种，如右图所示。

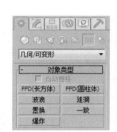

1. FFD（长方体）和FFD（圆柱体）

自由形式变形（FFD）提供了一种通过调整晶格的控制点使对象发生变形的方法，这两种空间扭曲同FFD修改器类似。其参数设置面板如下图①所示。

2. 波浪/涟漪

这两种空间扭曲分别可以在被绑定的三维对象中创建线性波浪和同心波纹。需要注意的是，使用这两种空间扭曲时，被绑定对象的分段数要适当，否则无法产生所需的变形效果。其参数设置面板如下图②所示。

3. 置换

置换以力场的形式推动和重塑对象的几何外形。置换对几何体（可变形对象）和粒子系统都会产生影响。其工作方式和"置换"修改器类似，只不过前者像所有空间扭曲那样，影响的是世界空间而不是对象空间。当需要为少量对象创建详细的置换时，可以使用"置换"修改器。其参数设置面板如下图③所示。

4. 一致

空间扭曲修改绑定对象的方法是按照空间扭曲图标所指示的方向推动其顶点，直至这些顶点碰到指定目标对象，或从原始位置移动指定距离。其参数设置面板如下图④所示。

5. 爆炸

该空间扭曲可以将被绑定的三维对象炸成碎片，其参数设置面板如下图⑤所示。

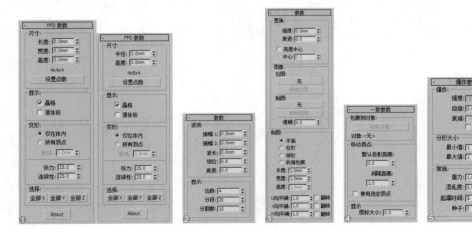

几何/可变形空间扭曲是针对几何体模型的类型，而不是针对粒子系统，因此不会作用于粒子系统。另外，几何/可变形空间扭曲必须与几何体模型绑定到空间扭曲，才可以产生作用。

9.2.4 基于修改器

基于修改器类空间扭曲和标准对象修改器的效果完全相同。和其他空间扭曲一样，它们必须和对象绑定在一起，并且它们是在世界空间中发生作用。想对散布得很广的"对象"组应用诸如扭曲或弯曲等效果时，它们非常有用。基于修改器类空间扭曲包括弯曲、扭曲、锥化、倾斜、噪波和拉伸6种类型，如下图所示。

9.2.5 粒子和动力学

粒子和动力学空间扭曲只有"向量场"一种参数设置，如下左图所示。向量场是一种特殊类型的空间扭曲，群组成员使用它来围绕不规则对象移动。向量场这个小插件是个方框形的格子，其位置和尺寸可以改变，以便围绕要避开的对象，通过格子交叉生成向量。向量场的参数设置面板如下右图所示。

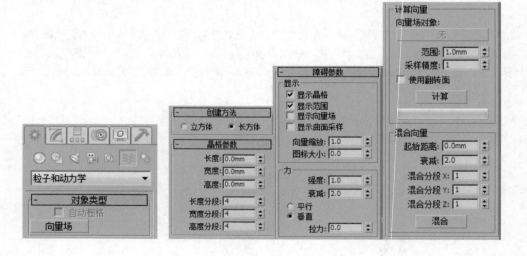

课后练习

一、选择题

1. 在命令面板中表示空间扭曲的按钮是（　　）。

A. ⊙　　　　　　　B. ▨　　　　　　　C. ◉　　　　　　　D. 🔳

2. 可以形成动态气流效果的空间扭曲是（　　）。

A. 粒子爆炸　　　B. 重力　　　　　C. 风　　　　　　D. 波浪

3. 暴风雪粒子不能表现（　　）效果。

A. 火花迸射　　　B. 开水沸腾　　　C. 云雾　　　　　D. 漫天飞花

4. 雪粒子与喷射粒子的不同之处在于（　　）。

A. 粒子大小　　　B. 渲染计数　　　C. 自身的运动　　D. 多种显示方式

5. 下列（　　）不属于超级粒子系统。

A. 超级喷射　　　B. 暴风雪　　　　C. 粒子阵列　　　D. 粒子流源

二、填空题

1. 基本粒子类型有_____、_____和_____。

2. 波浪空间扭曲是一种可产生_____效果的扭曲。

3. 力空间扭曲包括_____种运动状态。

4. 几何/可变形空间扭曲的主要作用是_____。

5. 基于修改器空间扭曲包括弯曲、扭曲、锥化、_____、_____和_____6种类型。

三、操作题

用户课后可以尝试制作各种特殊效果，参考效果如下图所示。

Chapter

10

3ds Max 动画技术

在 3ds Max 中，用户可以轻松地制作动画，可以将自己想象到的宏伟画面通过 3ds Max 来实现。本章主要对创建动画模型的相关工具进行讲解，如轨迹视图、运动命令面板、动画约束、变形器以及几种动画工具，通过学习这些内容，可以让用户更好地掌握动画技术。

知识要点

① 动画控制工具的使用
② 动画约束
③ 变形器的应用
④ 动画工具的使用

上机安排

学习内容	学习时间
● 练习使用动画工具	60分钟
● 关键帧动画的制作	30分钟

10.1 动画的基本概念

　　动画是一门综合艺术，是工业社会人类寻求精神解脱的产物，它是集绘画、漫画、电影、数字媒体、摄影、音乐、文学等众多艺术门类于一身的艺术表现形式，将多张连续的单帧画面连在一起就形成了动画。

10.1.1 传统动画

　　传统意义上的动画是将对象的运动姿势和周围环境定义成若干张图片，然后快速地播放这些图片，使它产生流畅的动画效果。一分钟的动画大概需要720到1800个单独图像，图像越多，动画的质量就越好。

　　传统动画又分为全动作动画和有限动画。全动作动画又称为全动画，是传统动画中的一种制作和表现手段，如作品《铁巨人》，如下图所示。

　　另外一种就是有限动画，有时也称为限制性动画，这是一种有别于全动画的动画制作和表现形式。作品《猫和老鼠》就是典型的有限动画，如下图所示。

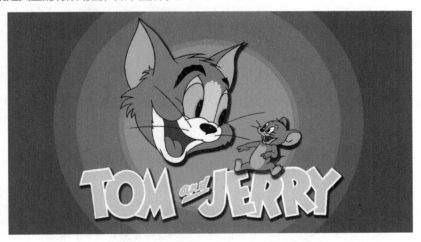

10.1.2 定格动画

　　定格动画是通过逐格地拍摄对象然后使之连续放映，从而产生仿佛活了一般的人物或你能想象到的任何奇异角色。通常所指的定格动画一般都是由黏土偶、木偶或混合材料的角色来演出的。这种动画形式的历史和传统意义上的手绘动画历史一样长，甚至可能更古老。定格动画包括黏土动画、剪纸动画、实体动画三种。

　　黏土动画就是使用黏土，或者是橡皮泥甚至是口香糖这些可塑形的材质来制作的定格动画，如下图所示。

剪纸动画是以纸或者衣料为材质制作的定格动画，在视觉上通常表现为二维平面，如下图所示。

实体动画是使用积木、玩具、玩偶娃娃等来制作的定格动画，如下图所示。

10.1.3 电脑动画

电脑动画是以帧为时间单位进行计算的。读者可以自定义每秒播放多少帧。单位时间内的帧数越多动画画面就越清晰、流畅；反之，动画画面则会产生抖动和闪烁的现象。一般情况下动画画面每秒至少要播放15帧才可以形成比较流畅的动画效果，传统的电影通常为每秒播放24帧。

电脑动画包括二维动画和三维动画两种。二维动画也称为2D动画。借助计算机2D位图或者是矢量图形来创建修改或者编辑动画。下图所示为作品《天空之城》和《犬夜叉》。

三维动画也称为3D动画，是基于3D电脑图形来表现的。有别于二维动画，三维动画提供三维数字空间利用数字模型来制作动画。下图所示为作品《哆啦A梦伴我同行》。

10.1.4 动画运动规律

动画片中的活动形象，不像其他影片那样用胶片直接拍摄，而是通过对客观物体运动的观察、分析、研究，用动画片的表现手法一张张地画出来，一格格地拍出来，然后连续放映，使之在银幕上活动起来的。研究动画片表现物体的运动规律，首先要弄清时间、空间、速度的概念及彼此之间的相互关系，从而掌握规律，处理好动画片中动作的节奏。

（1）时间

所谓"时间"，即指影片中物体在完成某一动作时所需的时间长度，这一动作所占胶片的长度（片格的多少）。这一动作所需的时间长，其所占片格的数量就多；动作所需的时间短，其所占的片格数量就少。

（2）空间

所谓"空间"，可以理解为动画片中活动形象在画面上的活动范围和位置，但更主要的是指一个动作的幅度以及活动形象在每一张画面之间的距离。动画设计人员在设计动作时，往往把动作的幅度处理得比真人动作的幅度要夸张一些，以取得更鲜明更强烈的效果。此外，动画片中的活动形象做纵深运动时，可以与背景画面上通过透视表现出来的纵深距离不一致。

（3）速度

所谓"速度"，即指物体在运动过程中的快慢。按物理学的解释，是指路程与通过这段路程所用时间的比值。在通过相同的距离时，运动越快的物体所用的时间越短，运动越慢的物体所用的时间就越长。在动画片中，物体运动的速度越快，所拍摄的格数就越少；物体运动的速度越慢，所拍摄的格数就越多。

（4）匀速、加速和减速

按照物理学的解释，如果在任何相等的时间内，质点所通过的路程都是相等的，那么，质点的运动就是匀速运动；如果在任何相等的时间内，质点所通过的路程不是都相等的，那么，质点的运动就是非匀速运动。非匀速运动又分为加速运动和减速运动。速度由慢到快的运动称加速运动；速度由快到慢的运动称为减速运动。

（5）节奏

一般说来，动画片的节奏比其他类型影片的节奏要快一些，动画片动作的节奏也要求比生活中动作的节奏要夸张一些。整个影片的节奏，是由剧情发展的快慢、蒙太奇各种手法的运用以及动作的不同处理等多种因素决定的。因此，处理好动作的节奏对于加强动画片的表现力是很重要的。

10.2 动画控制工具

本节主要介绍制作动画的一些基本工具，如关键帧设置工具、播放控制器和"时间配置"对话框。掌握好了这些基本工具的用法，可以制作出一些简单动画。

10.2.1 关键帧设置

3ds Max界面的右下角是一些设置动画关键帧的相关工具，如下图所示。

- 自动关键点：单击该按钮或者按N键可以自动记录关键帧。在该状态下，物体的模型、材质、灯光和渲染都将被记录为不同属性的动画。启动"自动关键点"以后，时间尺会变成红色，拖曳时间线滑块可以控制动画的播放范围和关键帧等，如下图所示。

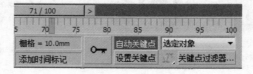

- 设置关键点：在"设置关键点"动画模式中，可以使用"设置关键点"工具和"关键点过滤器"的组合为选定对象的各个轨迹创建关键点的对象以及时间。它可以设置角色的姿势（或变换任何对象），如果满意的话，可以使用该姿势创建关键点。如果移动到另一个时间点而没有设置关键点，那么该姿势将被放弃。
- 选定对象：使用"设置关键点"动画模式时，在这里可以快速访问命名选择集和轨迹集。
- 关键点过滤器：单击该按钮可以打开"设置关键点过滤器"对话框，在该对话框中可以选择要设置关键点的轨迹，如下图所示。

> **知识链接** **自动/手动设置关键点**
>
> 设置关键点的常用方法主要有以下两种。
>
> 第1种：自动设置关键点。当开启"自动关键点"功能后，就可以通过定位当前帧的位置来记录下动画。
>
> 第2种：手动设置关键点。单击"设置关键点"按钮，开启"设置关键点"功能，然后手动设置一个关键点。单击"播放动画"
> 按钮或拖曳时间线滑块同样可以观察动画效果。

10.2.2 播放控制器

3ds Max 2016还提供了一些控制动画播放的相关工具，如下图所示。

- "选取对象"按钮：使用"设置关键点"动画模式时，可快速访问命名选择集和轨迹集。使用该按钮可在不同的选择集和轨迹集之间快速切换。
- "转至开头"按钮 ：如果当前时间线滑块没有处于第0帧位置，那么单击该按钮可以跳转到第0帧。
- "上一帧"按钮 ：将当前时间线滑块向前移动一帧。
- "播放动画"按钮 /"播放选定对象"按钮 ：单击"播放动画"按钮可以播放整个场景中的所有动画；单击"播放选定对象"按钮可以播放选定对象的动画，而未选定的对象将静止不动。
- "下一帧"按钮 ：将当前时间线滑块向后移动一帧。
- "转至结尾"按钮 ：如果当前时间线滑块没有处于结束帧位置，那么单击该按钮可以跳转到最后一帧。
- "时间跳转输入框" ：在这里可以输入数字来跳转时间线滑块，比如输入60，按Enter键就可以将时间线滑块跳转到第60帧。

10.2.3 时间配置

使用"时间配置"对话框可以设置动画时间的长短及时间显示格式等。单击"时间配置"按钮，即可打开"时间配置"对话框，如下图所示。

- 帧速率：共有NTSC（30帧/秒）、PAL（25帧/秒）、电影（24帧/秒）和自定义4种方式可供选择，但一般情况都采用PAL（25帧/秒）方式。
- 时间显示：共有帧、SMPTE、帧：TICK和分：秒：TICK四种方式可供选择。
- 实时：使视图中播放的动画与当前帧速率的设置保持一致。
- 仅活动视口：使播放操作只在活动视口中进行。
- 循环：控制动画只播放一次或者循环播放。
- 方向：指定动画的播放方向。
- 开始时间/结束时间：设置在时间线滑块中显示的活动时间段。
- 长度：设置显示活动时间段的帧数。
- 帧数：设置要渲染的帧数。
- 当前时间：指定时间线滑块的当前帧。
- 按钮：拉伸或收缩活动时间段内的动画，以匹配指定的新时间段。
- 使用轨迹栏：启用该选项后，可使关键点模式遵循轨迹栏中的所有关键点。
- 仅选定对象：在使用关键点步幅模式时，该选项仅考虑选定对象的变换。

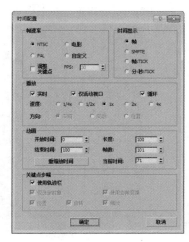

- 使用当前变换：禁用位置、旋转、缩放选项时，该选项可以在关键点模式中使用当前变换。
- 位置/旋转/缩放：指定关键点模式所使用的变换模式。

进阶案例 关键帧动画的制作

本案例将利用关键帧动画制作一个场景的动画片段，具体操作步骤介绍如下。

01 打开场景模型，如下图所示。

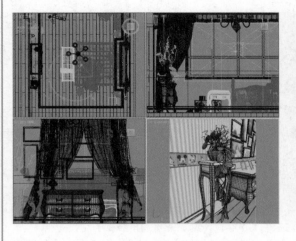

02 单击"自动关键点"按钮，并拖动线时间滑块到第100帧，如下图所示。

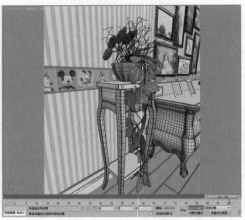

03 单击"选择并旋转"按钮，旋转盆栽到合适的角度，如右图所示。

04 在摄影机视图中单击"播放动画"按钮，观察不同的动画效果，如下图所示。

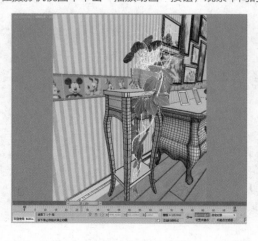

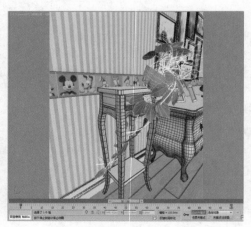

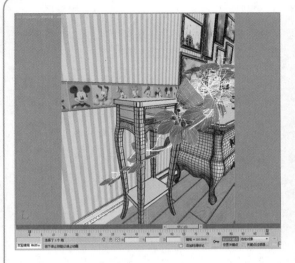 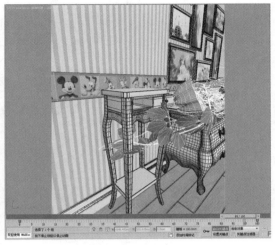

05 选择动画效果最明显的一些帧，然后单独渲染出这些单帧动画，最终效果如下图所示。

10.3 曲线编辑器

曲线编辑器是制作动画时经常使用到的一个编辑器。使用曲线编辑器可以快速地调节曲线来控制物体的运动状态。单击主工具栏中的"曲线编辑器（打开）"按钮，即可打开"轨迹视图-曲线编辑器"窗口，如下图所示。

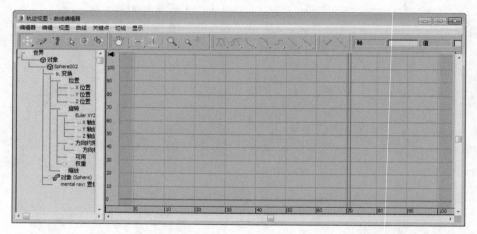

为物体设置动画属性以后，在"轨迹视图-曲线编辑器"窗口中就会有与之相对应的曲线，如下图所示。

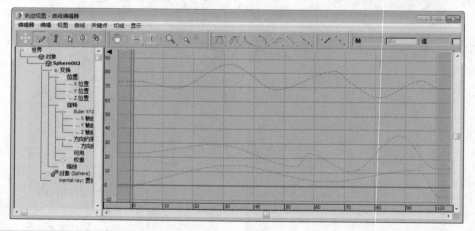

知识链接 **不同动画曲线所代表的含义**

在"轨迹视图-曲线编辑器"窗口中，X轴默认使用红色曲线来表示，Y轴默认使用绿色曲线来表示，Z轴默认使用紫色曲线来表示，这3条曲线与坐标轴的3条轴线的颜色相同。在位置参数下方的X轴曲线为水平直线，这代表物体在X轴上未发生移动；Y轴曲线为均匀曲线形状，代表物体在Y轴方向上正处于加速运动状态；Z轴曲线为均匀曲线形状，代表物体在Z轴方向上处于匀速运动状态。

1. 关键点控制工具

"关键点控制：轨迹视图"工具栏中的工具主要用来调整曲线基本形状，同时也可以调整关键帧和添加关键点，如下图所示。

- 移动关键点▦/水平移动关键点▦/垂直移动关键点▦：在函数曲线图上任意、水平或垂直移动关键点。
- 绘制曲线▦：可使用该选项绘制新曲线，或直接在函数曲线图上绘制草图来修改已有曲线。
- 添加关键点▦：在现有曲线上创建关键点。
- 区域关键点工具▦：使用此工具可以在矩形区域中移动和缩放关键点。
- 重定时工具▦：使用该工具可以进行时间的调节。
- 对全部对象重定时工具▦：使用该工具可以对全部对象进行重定时。

2. 导航工具

导航工具可以控制平移、水平方向最大化显示、最大化显示值、缩放、缩放区域、隔离曲线工具，如下图所示。

- 平移▦：该选项可以控制平移轨迹视图。
- 框显水平范围▦：该选项用来控制水平方向的最大化显示效果。
- 框显值范围▦：该选项用来控制最大化显示数值。
- 缩放▦：该选项用来控制轨迹视图的缩放效果。
- 缩放区域▦：该选项可以通过拖动鼠标左键的区域进行缩放。
- 隔离曲线▦：该选项用来控制隔离的曲线。

3. 关键点切线工具

"关键点切线：轨迹视图"工具栏中的工具主要用来调整曲线的切线，如下图所示。

- 将切线设置为自动▦：选择关键点后，单击该按钮可以切换为自动切线。
- 将切线设置为样条线▦：将关键点切线设置为样条线。
- 将切线设置为快速▦：将关键点切线设置为快速内切线或快速外切线，也可以设置为快速内切线兼快速外切线。
- 将切线设置为慢速▦：将关键点切线设置为慢速内切线或慢速外切线，也可以设置为慢速内切线兼慢速外切线。
- 将切线设置为阶梯式▦：将关键点切线设置为阶梯式内切线或阶梯式外切线，也可以设置为阶梯式内切线兼阶梯式外切线。
- 将切线设置为线性▦：将关键点切线设置为线性内切线或线性外切线，也可以设置为线性内切线兼线性外切线。
- 将切线设置为平滑▦：将关键点切线设置为平滑切线。

4. 切线动作工具

"切线动作"工具栏上提供的工具可用于统一和断开动画关键点切线，如下图所示。

- 断开切线 ✓：允许将两条切线（控制柄）连接到一个关键点，使其能够独立移动，以便不同的运动能够进出关键点。选择一个或多个带有统一切线的关键点，然后单击"断开切线"按钮即可。
- 统一切线 ⟋：如果切线是统一的，按任意方向移动控制柄，从而控制柄之间保持最小角度。选择一个或多个带有断开切线的关键点，然后单击"统一切线"按钮即可。

5. 关键点输入工具

曲线编辑器的"关键点输入"工具栏中包含用于从键盘编辑单个关键点的字段，如下图所示。

- 帧：显示选定关键点的帧编号。可以输入新的帧数或输入一个表达式，以将关键点移至其他帧。
- 值：显示高亮显示的关键点的值。可以输入新的数值或表达式来更改关键点的值。

10.4 动画约束

所谓"约束"，就是将事物的变化限制在一个特定的范围内。将两个或多个对象绑定在一起后，使用"动画 > 约束"菜单下的子命令可以控制对象的位置、旋转或缩放。"动画 > 约束"菜单下包含 7 个约束命令，分别是"附着约束"、"曲面约束"、"路径约束"、"位置约束"、"链接约束"、"注视约束"和"方向约束"，如下图所示。

10.4.1 附着约束

附着约束是一种位置约束，它可以将一个对象的位置附着到另一个对象的面上（目标对象不用必须是网格，但必须能够转换为网格），其参数设置面板如右图所示。

参数设置面板中各个参数的含义介绍如下。

- 对象名称文本：显示指定的源对象所要附着的目标对象名称。
- 拾取对象：在视口中选择并拾取要附着的目标对象。
- 对齐到曲面：将附加的对象的方向固定在其所指定到的面上。
- 更新：更新显示。
- 当前关键点：显示当前关键点编号并可以移动到其他关键点。
- 时间：显示当前帧，并可以将当前关键点移动到不用的帧中。
- 面：设置对象所附加到的面的索引。范围从0到268435455。
- A/B：设置定义面上附加对象的位置的重心坐标。其取值范围从-999,999到999,999。
- 显示图形：显示源对象在附着面内部的位置。要调整对象相对于面的位置，请在该窗口中拖动。
- 设置位置：要调整源对象在目标对象上的位置，请启用此选项。在视口中的目标对象上拖动来指定面和面上的位置。在拖动时，源对象将移动到目标对象上。

- TCB：该选项组中的控件与其他TCB控制器中的控件相同。源对象的方向也受这些设置的影响并按照这些设置进行插值。

知识链接 查看约束参数
要查看约束的参数，首先要进入运动面板，然后打开约束对应的卷展栏才可查看。

10.4.2 曲面约束

曲面约束能将对象限制在另一对象的表面上。其参数设置面板如下图所示。

- 当前曲面对象：本选项组提供用于选择，然后显示选定的曲面对象的一种方法。
- 对象名称：显示所拾取曲面的名称。
- 拾取曲面：单击该按钮，然后在视口中选择所需的曲面，以拾取对象。
- U向位置：调整控制对象在曲面对象U坐标轴上的位置。
- V向位置：调整控制对象在曲面对象V坐标轴上的位置。
- 不对齐：选择此选项后，不管控制对象在曲面对象上处于什么位置，它都不会重定向。
- 对齐到U：控制对象的本地Z轴与曲面对象的曲面法线对齐，将X轴与曲面对象的U轴对齐。
- 对齐到V：将控制对象的本地Z轴与曲面对象的曲面法线对齐，将X轴与曲面对象的V轴对齐。
- 翻转：翻转控制对象局部Z轴的对齐方式。在选择"不对齐"时，此复选框不可用。

10.4.3 路径约束

使用路径约束（这是约束里最为重要的一种）可以将一个对象沿着样条线或在多个样条线间的平均距离间的移动进行限制，其参数设置面板如下图所示。

参数设置面板中各个参数的含义如下。

- 添加路径：添加一个新的样条线路径使之对约束对象产生影响。
- 删除路径：从目标列表中移除一个路径。一旦移除目标路径，它将不再对约束对象产生影响。
- 路径列表：显示路径及其权重。
- 权重：为选中的目标指定权重。
- %沿路径：设置对象沿路径的位置百分比。
- 跟随：在对象跟随轮廓运动同时将对象指定给轨迹。
- 倾斜：当对象通过样条线的曲线时允许对象倾斜（滚动）。
- 倾斜量：调整这个量使倾斜从一边或另一边开始，这依赖于这个量是正数还是负数。
- 平滑度：控制对象在经过路径中的转弯时翻转角度改变的快慢程度。
- 允许翻转：启用此选项可避免在对象沿着垂直方向的路径行进时有翻转的情况。
- 恒定速度：沿着路径提供一个恒定的速度。禁用此项后，对象沿路径的速度变化依赖于路径上顶点之间的距离。

- 循环：默认情况下，当约束对象到达路径末端时，它不会越过末端点。循环选项会改变这一行为，当约束对象到达路径末端时会循环回起始点。
- 相对：启用此项保持约束对象的原始位置。对象在沿着路径的同时会有一个偏移距离，这个距离基于它的原始世界空间位置。

知识链接 ▶ **"%沿路径"参数的设置**

"% 沿路径"的值基于样条线路径的U值参数。一个NURBS曲线可能没有均匀的空间U值，因此如果"% 沿路径"的值为50可能不会直观地转换为NURBS曲线长度的50%。

10.4.4 位置约束

通过位置约束可以根据目标对象的位置，或若干对象的加权平均位置对某一对象进行定位，其参数设置面板如右图所示。

- 添加位置目标：添加新的目标对象以影响受约束对象的位置。
- 删除位置目标：移除高亮显示的目标。一旦移除了目标，该目标将不再影响受约束的对象。
- 目标列表：显示目标及其权重。
- 权重：为高亮显示的目标指定一个权重值。
- 保持初始偏移：使用"保持初始偏移"来保存受约束对象与目标对象的原始距离。这可避免将受约束对象捕捉到目标对象的轴。默认设置为禁用状态。

知识链接

在通过"动画"菜单指定位置约束时，3ds Max会向对象指定一个"位置列表"控制器。在"位置列表"卷展栏可以看到位置约束。这是实际的位置约束控制器。要查看"位置约束"卷展栏，请双击列表中的位置约束。

10.4.5 链接约束

链接约束可以使对象继承目标对象的位置、旋转度以及比例。实际上，这允许用户设置层次关系的动画，这样场景中的不同对象便可以在整个动画中控制应用了"链接"约束的对象的运动了，其参数设置面板如右图所示。

- 添加链接：添加一个新的链接目标。单击"添加链接"后，将时间线滑块调整到激活链接的帧处，然后选择要链接到的对象。
- 链接到世界：将对象链接到世界（整个场景）。建议将此项置于列表的第一个目标。
- 删除链接：移除高亮显示的链接目标。一旦链接目标被移除，将不再对约束对象产生影响。
- 目标列表：显示链接目标对象。
- 开始时间：指定或编辑目标的帧值。高亮显示列表中的目标条目时，"开始时间"便显示对象成为父对象时所在的帧。
- 无关键点：选择此项后，约束对象或目标中不会写入关键点。此链接控制器在不插入关键点的情况下使用。
- 设置节点关键点：选择此项后，会将关键帧写入指定的选项。
- 设置整个层次关键点：用指定的选项在层次上设置关键帧。它有子对象和父对象两个选项。子对象仅在约束对象和它的父对象上设置一个关键帧。

知识链接 在转换点分别设置关键点

为获得最佳效果，在动画播放过程中更改目标时，在转换点处为两个链接对象设置关键点。例如，如果一个球体从第0帧~50帧链接到长方体，从第50帧之后链接到圆柱体，则在第50帧处要为长方体和圆柱体设置关键点。

10.4.6 注视约束

注视约束会控制对象的方向，使它一直注视另外一个或多个对象。它还会锁定对象的旋转，使对象的一个轴指向目标对象或目标位置的加权平均值。注视轴指向目标，而上方向节点轴定义了指向上方的轴。如果这两个轴重合，可能会产生翻转的行为。这与指定一个目标摄影机直接向上相似。

- 添加注视目标：用于添加影响约束对象的新目标。
- 删除注视目标：用于移除影响约束对象的目标对象。
- 保持初始偏移：将约束对象的原始方向保持为相对于约束方向上的一个偏移。
- 视线长度定义：从约束对象轴到目标对象轴所绘制的视线长度（或者在多个目标时为平均值）。值为负时会从约束对象到目标的反方向绘制视线。
- 视线绝对长度：启用此选项后，3ds Max仅使用"视线长度"设置主视线的长度；受约束对象和目标之间的距离对此没有影响。
- 设置方向：允许对约束对象的偏移方向进行手动定义。启用此选项后，可以使用旋转工具来设置约束对象的方向。在约束对象注视目标时会保持此方向。
- 重置方向：将约束对象的方向设置为默认值。如果要在手动设置方向后重置约束对象的方向，该选项非常有用。
- 选择"注视轴"组：用于定义注视目标的轴。X、Y、Z复选框反映受约束对象的局部坐标系。"翻转"复选框会反转局部轴的方向。
- 选择"上方向节点"组：默认上方向节点是世界。禁用世界来手动选中定义上方向节点平面的对象。
- "上方向节点控制"组：允许在注视上方向节点控制和轴对齐之间快速翻转。
- 源轴：选择与上方向节点轴对齐的约束对象的轴。源轴反映了约束对象的局部轴。源轴和注视轴协同工作，因此用于定义注视轴的轴会变得不可用。
- 对齐到上方向节点轴：选择与选中的原轴对齐的上方向节点轴。注意所选中的源轴可能会也可能不会与上方向节点轴完全对齐。

10.4.7 方向约束

方向约束会使某个对象的方向沿着目标对象的方向或若干目标对象的平均方向。其参数设置面板如右图所示。

- 添加方向目标：添加影响受约束对象的新目标对象。
- 将世界作为目标添加：将受约束对象与世界坐标轴对齐。可以设置世界对象相对于任何其他目标对象对受约束对象的影响程度。
- 删除方向目标：移除目标。移除目标后，将不再影响受约束对象。
- 保持初始偏移：保留受约束对象的初始方向。
- "变换规则"组：将方向约束应用于层次中的某个对象后，即确定了是将局部节点变换还是将父变换用于方向约束。
- 局部 –> 局部：选择此选项后，局部节点变换将用于方向约束。
- 世界 –> 世界：选择此选项后，将应用父变换或世界变换，而不应用局部节点变换。

10.5 骨骼

骨骼系统是骨骼对象的一个有关节的层次链接，可用于设置其他对象或层次的动画。在3ds Max中常使用骨骼系统为角色创建骨骼动画。用鼠标左键单击4次，然后用鼠标右键单击1次，即可完成如右图所示的创建。

单击"骨骼"按钮，可以看到"IK链指定"卷展栏，如右图所示。选择骨骼，进入修改命令面板，即可看到"骨骼参数"卷展栏，如下图所示。

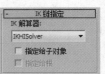

- "IK解算器"下拉列表：如果启用了"指定给子对象"，则指定要自动应用的IK解算器的类型。
- 指定给子对象：如果启用，则将IK解算器列表中命名的IK解算器指定给最新创建的所有骨骼［除第一个（根）骨骼之外］。如果禁用，则为骨骼指定标准的"PRS 变换"控制器。默认设置为禁用状态。
- 指定给根：如果启用，则为最新创建的所有骨骼［包括第一个（根）骨骼］指定IK解算器。
- 宽度：设置骨骼的宽度。
- 高度：设置骨骼的高度。
- 锥化：调整骨骼形状的锥化。值为0的锥化可以生成长方体形状的骨骼。
- 侧鳍：向选定骨骼添加侧鳍。
- 大小：控制鳍的大小。
- 始端锥化：控制鳍的始端锥化。
- 末端锥化：控制鳍的末端锥化。
- 前鳍：向选定骨骼添加前鳍。
- 后鳍：向选定骨骼的后面添加鳍。

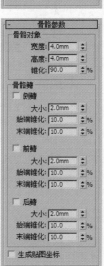

通过修改参数，可以让骨骼产生更多的变化，如下左图和下右图所示。

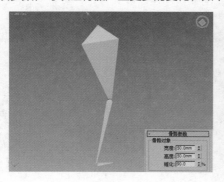 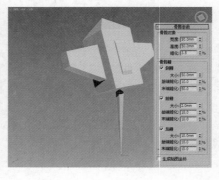

10.6 变形器的应用

本节将介绍制作变形动画的两个重要变形器，即"变形器"修改器与"路径变形（WSM）"修改器。

10.6.1 路径变形修改器

使用"路径变形"修改器可以根据图形、样条线或NURBS曲线路径来变形对象，其参数设置面板如下图所示。

- 路径：显示选定路径对象的名称。
- 拾取路径：单击该按钮，然后选择一条样条线或NURBS曲线以作为路径使用。出现的Gizmo设置成路径一样的形状并与对象的局部Z轴对齐。一旦指定了路径，就可以使用该卷展栏上剩下的控件调整对象的变形。所拾取的路径应当含有单个的开放曲线或封闭曲线。如果使用含有多条曲线的路径对象，那么只使用第一条曲线。
- 百分比：根据路径长度的百分比，沿着Gizmo路径移动对象。
- 拉伸：使用对象的轴点作为缩放的中心，沿着Gizmo路径缩放对象。
- 旋转：关于Gizmo路径旋转对象。
- 扭曲：关于路径扭曲对象。根据路径总体长度一端的旋转决定扭曲的角度。通常，变形对象只占据路径的一部分，所以产生的效果很微小。
- X/Y/Z：选择一条轴以旋转Gizmo路径，使其与对象的指定局部轴相对齐。
- 翻转：将Gizmo路径关于指定轴反转180°。

10.6.2 变形器修改器

使用"变形器"修改器可以更改网格、面片或NURBS模型的形状，可以变形形状（样条线）和世界空间FFD，还可以从一个形状变形为另一个形状。"变形器"修改器还支持材质变形。"变形器"修改器的参数设置面板包含5个卷展栏，如下图所示。

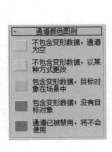

10.7 动画工具

3ds Max提供了许多实用程序，用于帮助设置动画场景。其中包括蒙皮工具、运动捕捉工具、摄影机跟踪器工具和MACUtilities工具等。

10.7.1 蒙皮工具

蒙皮修改器可以添加到模型上，并拾取骨骼，使得骨骼在产生运动时带动模型进行运动。蒙皮的原理就是将骨骼和皮肤进行蒙皮绑定。其参数设置面板中包含的各卷展栏如下图所示。

   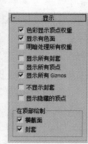  

- 编辑封套：激活该按钮可以进入子对象层级，进入子对象层级后可以编辑封套和顶点的权重。
- 顶点：启用该选项后可以选择顶点，还可以使用收缩工具、扩大工具、环工具和循环工具来选择顶点。
- 添加/移除：使用添加工具可以添加一个或多个骨骼；使用移除工具可以移除选中的骨骼。
- 半径：设置封套横截面的半径大小。
- 挤压：设置所拉伸骨骼的挤压倍增量。
- 绝对/相对：用来切换计算内外封套之间的顶点权重的方式。
- 封套可见性：用来控制未选定的封套是否可见。
- 缓慢衰减：为选定的封套选择衰减曲线。
- 复制/粘贴：使用复制工具可以复制选定封套的大小和图形；使用粘贴工具可以将复制的对象粘贴到所选定的封套上。
- 绝对效果：设置选定骨骼相对于选定顶点的绝对权重。
- 刚性：启用该选项后，可以使选定顶点仅受一个最具影响力的骨骼的影响。
- 刚性控制柄：启用该选项后，可以使选定面片顶点的控制柄仅受一个最具影响力的骨骼的影响。
- 规格化：启用该选项后，可以强制每个选定顶点的总权重合计为1。
- 排除/包含选定的顶点：将当前选定的顶点排除/添加到当前骨骼的排除列表中。
- 选定排除的顶点：选择所有从当前骨骼排除的顶点。
- 烘焙选定顶点：单击该按钮可以烘焙当前的顶点权重。
- 权重工具：单击该按钮可以打开"权重工具"对话框。
- 权重表：单击该按钮可以打开"蒙皮权重表"对话框，在该对话框中可以查看和更改骨架结构中所有骨骼的权重。
- 绘制权重：使用该工具可以绘制选定骨骼的权重。

- 绘制选项：单击该按钮可以打开"绘制选项"对话框，在该对话框中可以设置绘制权重的参数。
- 绘制混合权重：启用该选项后，通过均分相邻顶点的权重，然后可以基于笔刷强度来应用平均权重，这样可以缓和绘制的值。
- 镜像模式：将封套和顶点从网格的一个侧面镜像到另一个侧面。
- 镜像粘贴：将选定封套和顶点粘贴到物体的另一侧。
- 将绿色粘贴到蓝色骨骼：将封套设置从绿色骨骼粘贴到蓝色骨骼上。
- 将蓝色粘贴到绿色骨骼：将封套设置从蓝色骨骼粘贴到绿色骨骼上。
- 将绿色粘贴到蓝色顶点：将各个顶点从所有绿色顶点粘贴到对应的蓝色顶点上。
- 将蓝色粘贴到绿色顶点：将各个顶点从所有蓝色顶点粘贴到对应的绿色顶点上。
- 镜像平面：用来选择镜像的平面是左侧平面还是右侧平面。
- 镜像偏移：设置沿"镜像平面"轴移动镜像平面的偏移量。
- 镜像阈值：在将顶点设置为左侧或右侧顶点时，使用该选项可设置镜像工具能观察到的相对距离。

10.7.2 运动捕捉工具

使用外部设备（如MIDI键盘、游戏杆和鼠标），"运动捕捉"工具可以驱动动画。驱动动画时，可以对其进行实时记录。单击"运动捕捉"按钮，即可打开"运动捕捉"卷展栏，如右图所示。

- 开始/停止/测试：控制运动捕捉的开始、停止、测试。
- 测试期间播放：启用并单击"测试"后，场景中的动画将会在测试运动期间循环播放。
- 开始/停止：显示"开始/停止触发器设置"对话框。
- 启用：使用指定的MIDI设备而不使用"开始"、"停止"和"测试"按钮进行记录。
- 全部：向"记录控制"组分配所有轨迹。
- 反转：选定轨迹后，将会向"记录控制"区域分配未选定的轨迹。
- 无：不向"记录控制"组分配轨迹。
- 预卷：指定单击"开始"按钮时开始播放动画所在的帧编号。
- 输入/输出：指定单击"开始"后记录开始/结束所在的帧编号。
- 预卷期间激活：激活该选项时，运动捕捉在整个预卷帧期间都处于活动状态。
- 每帧：使用这两个单选按钮，每帧可以选择一个或两个采样。
- 减少关键点：减少捕捉运动时生成的关键点。

10.7.3 摄影机跟踪器工具

"摄影机跟踪器"工具通过设置3ds Max中摄影机运动的动画来同步背景，以便与用于拍摄影片的真实摄影机的运动相匹配。在实用工具面板中单击"更多"按钮，打开"实用程序"对话框，从中选择"摄影机跟踪器"选项并双击，即可看到相关的参数卷展栏，如下图所示。

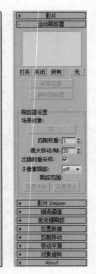

10.7.4 MACUtilities工具

可以使用Motion Analysis Corporation工具将最初以TRC格式记录的运动数据转换为Character Studio标记（CSM）格式。这样就可以轻松将运动映射到Biped上。在实用工具面板中单击"更多"按钮，打开"实用程序"对话框，从中选择"MAC实用程序"选项并双击，即可看到下方增加一个"TRC转换到CSM"卷展栏，如下图所示。

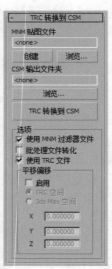

课后练习

一、选择题

1. 下列选项中，关于动画的描述不正确的是（　　）。

A. 传统动画可分为全动作动画和有限动画

B. 定格动画是通过逐格地拍摄对象然后使之连续放映产生的

C. 电脑动画是以秒为时间单位进行计算的

D. 三维动画提供三维数字空间利用数字模型来制作动画

2. 下列选项中，（　　）不属于关键点控制工具。

A. 复制关键点　　　　　B. 绘制曲线　　　　　C. 插入关键点　　　　　D. 调整时间工具

3. 在3ds Max中，下列（　　）约束能将对象限制在另一对象的表面上。

A. 附着　　　　　　　B. 位置　　　　　　　C. 方向　　　　　　　D. 曲面

4. 下列选项中，描述正确的一项是（　　）。

A. 使用链接约束时，目标对象不用必须是网格，但必须能够转换为网格

B. 附着约束可以使对象继承目标对象的位置、旋转度以及比例

C. 注视约束不会控制对象的方向，但会一直注视另外一个或多个对象

D. 使用路径约束可以将一个对象沿着样条线的平均距离间的移动进行限制

二、填空题

1. 制作动画时经常使用到的一个编辑器是_____。

2. 注视约束会控制_____，使它一直注视另外一个或多个对象。

3. 附着约束是一种_____，它可以将一个对象的位置附着到另一个对象的面上。

4. 在3ds Max中常使用骨骼系统为角色创建_____。

5. 蒙皮的原理是_____。

三、操作题

用户课后可以利用动画工具制作金鱼骨骼动画效果，参考效果如下图所示。

Appendix

附 录

课后练习参考答案

Chapter 01

一、选择题

1. A   2. B   3. B   4. A

二、填空题

1. 建模 灯光 材质
2. 菜单栏 时间滑块及轨迹栏
3. 像素
4. X Y Z
5. 用Shift键配合鼠标左键 阵列工具复制 镜像复制

Chapter 02

一、选择题

1. A   2. C   3. B   4. C   5. C

二、填空题

1. 导入CAD图纸 灯光和摄像机 渲染 后期处理
2. 4
3. M N F5

Chapter 03

一、选择题

1. D   2. C   3. B   4. A   5. D

二、填空题

1. 14
2. 拟合
3. 视图坐标系 屏幕坐标系
4. 空格键

Chapter 04

一、选择题

1. B   2. C   3. A   4. C

二、填空题

1. 11
2. 对象的使用顺序
3. 对象表面的顶点
4. 使物体变得起伏而不规则
5. 样条线 分离复制

Chapter 05

一、选择题

1. A   2. D   3. B   4. D

二、填空题

1. 合成材质
2. VRayMtl材质
3. 多维/子材质
4. 两种

Chapter 06

一、选择题

1. A   2. C   3. B   4. D   5. A

二、填空题

1. 以目标点为基准
2. 快照 43.456mm
3. 镜头和视野
4. 摄像机动画效果 镜头聚焦效果

Chapter 07

一、选择题

1. D   2. B   3. C   4. C

二、填空题

1. 效果的顺序
2. 远 强烈
3. 体积光
4. 模糊效果
5. 放射型

Chapter 08

一、选择题

1. C   2. A   3. C   4. B

二、填空题

1. Hair和Fur（WSM）
2. 纽结 多股
3. 束状 卷曲
4. 厚度参量
5. 材质参数

Chapter 09

一、选择题

1. B   2. B   3. C   4. C   5. D

二、填空题

1. 粒子流源 喷射 雪
2. 线性波浪
3. 9
4. 制作变形动画
5. 倾斜 噪波 拉伸

Chapter 10

一、选择题

1. C   2. A   3. D   4. D

二、填空题

1. 曲线编辑器
2. 对象的方向
3. 位置约束
4. 骨骼动画
5. 将骨骼和皮肤进行蒙皮绑定